Das Lexikon der Saurier

Das Lexikon der Saurier

Hypsognathus –
ein frühes Reptil

Versteinertes Ei des
Entenschnabeldinosauriers
Maiasaura

Ravensburger Buchverlag

Eine Marshall Edition

Autor: Jinny Johnson
Fachberatung: Professor Michael J. Benton
Redaktion: Cynthia O'Brien, Kate Phelps, Lindsay McTeague
Gestaltung: Simon Webb, Ralph Pitchford, Nelupa Hussain
Bildrecherche: Zilda Tandy
Herstellung: James Bann

2 3 02 01 00

Übersetzung: Dr. Wolfgang Hensel
Fachberatung: Dr. Michael Herholz
Umschlaggestaltung: Dirk Lieb
Redaktion: Katharina Ebinger
Titel der Originalausgabe:
The Children's Dinosaur Encyclopedia

Printed in Italy
ISBN 3-473-35878-9

Pelecanimimus

Inhalt

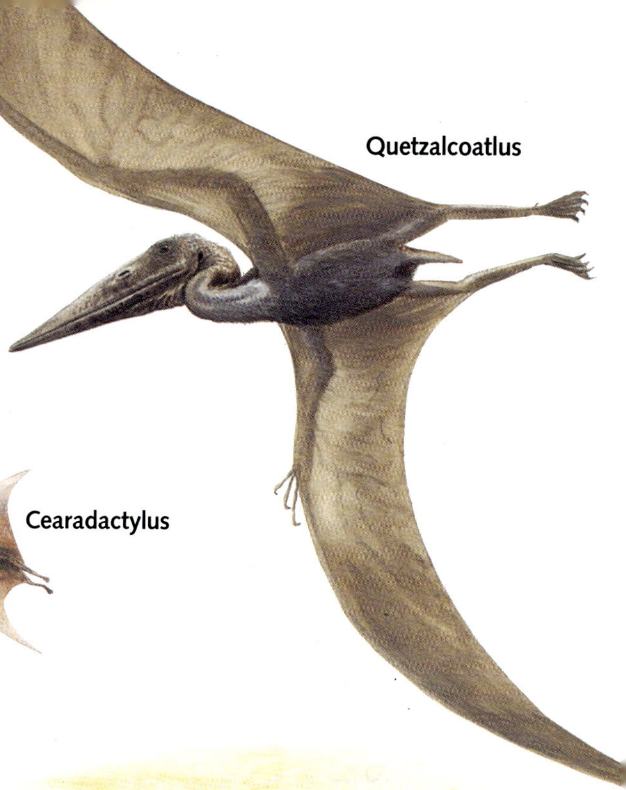

Quetzalcoatlus

Cearadactylus

Eine Herde von Brachiosauriern

Die Reptilien

Unsere Erde ist ungefähr 4,6 Milliarden Jahre alt. Die ersten Lebensformen erschienen bereits vor mindestens 3,5 Milliarden Jahren. Dieses Buch befasst sich mit einer besonders spannenden Zeit in der Entwicklungsgeschichte der Lebewesen: mit der Entstehung der ersten echten Landtiere, den Reptilien, zu denen auch die Dinosaurier gehören. Die meisten in diesem Buch vorgestellten Tiere waren bereits seit Millionen von Jahren ausgestorben, bevor es die ersten Menschen gab. Trotzdem faszinieren die Dinosaurier und ihre Verwandten die Menschen auch heute noch. Hier erfährst du, wie sie wahrscheinlich aussahen, wie sie sich fortbewegten und wovon sie sich ernährten.

Die Erde – damals und heute

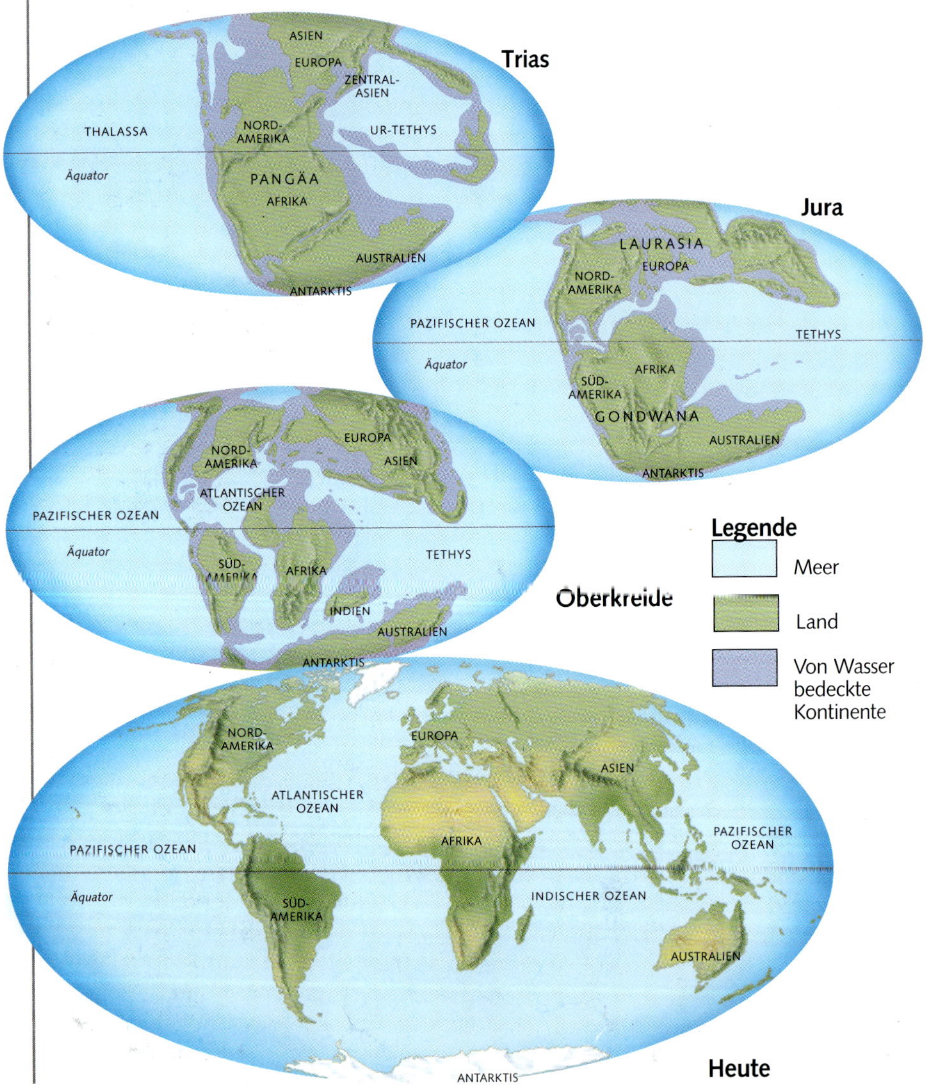

Plattentektonik

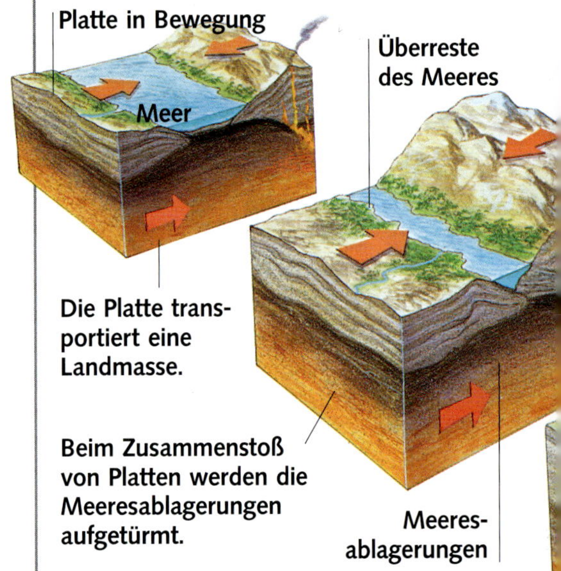

▲ Die Oberfläche der Erde ist in mehrere Abschnitte, so genannte Platten, untergliedert. Sie sind ständig in Bewegung und transportieren die Landmassen mit sich. Dadurch verändert sich das Aussehen der Kontinente im Laufe der Jahrmillionen. Treffen zwei Platten aufeinander (Plattentektonik), werden Land und Meeresablagerungen zu einem Gebirge aufgefaltet.

◀ Diese Karten zeigen, wie sich die Landmassen der Erde über Millionen von Jahren hinweg verändert haben. In der Trias war der überwiegende Teil der Landmassen in dem Superkontinent Pangäa vereinigt. Während des Jura brach Pangäa in eine nördliche und südliche Landmasse auseinander. Bis zur Oberkreide nahmen diese Landmassen die Formen der heutigen Kontinente an.

▶ Man untergliedert die Erdgeschichte in zwei große Äonen: das Präkambrium und das Phanerozoikum. Das Präkambrium dauerte am längsten, es umfasst die Zeit von der Entstehung der Erde bis zum Auftreten des Lebens. Das Phanerozoikum setzte ein, als sich die ersten Lebensformen entwickelten. Es wird in drei große Zeitalter gegliedert: Erdaltertum (Paläozoikum), Erdmittelalter (Mesozoikum) und Erdneuzeit (Känozoikum). Jedes Zeitalter wird weiter in Perioden und Epochen unterteilt. In der Tabelle ist angegeben, vor wie viel Millionen Jahren diese begannen.

Zu diesem Buch

Dieses Lexikon stellt in zwei Kapiteln die frühen Reptilien und die Dinosaurier vor. Die Arten werden abgebildet und erklärt. Weiter unten auf dieser Seite erfährst du, wie man den Infokasten liest und was die Symbole bedeuten. Wenn du ein bestimmtes Tier suchst, kannst du seinen Namen im Register nachschlagen. Einige Seiten befassen sich mit besonderen Themen, zum Beispiel mit „Fossilien“ oder dem „Familienleben“ der Saurier oder auch mit den Perioden Trias, Jura und Kreide.

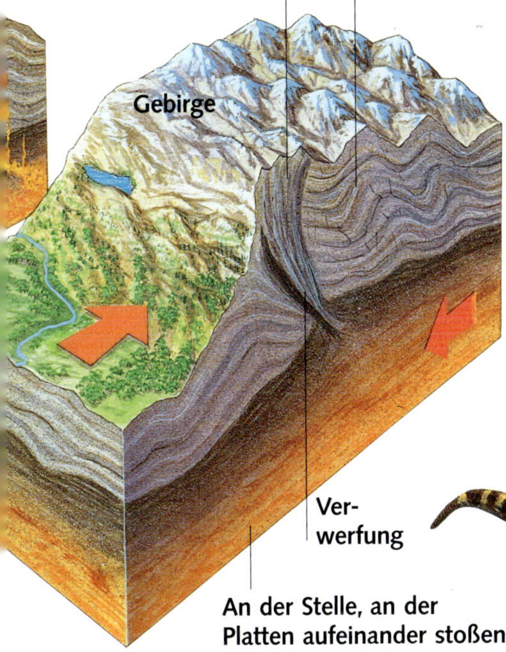

An der Stelle, an der Platten aufeinander stoßen, entsteht ein Gebirge.

Zeittafel

Äonen	Zeitalter	Periode	Epoche	Beginn vor Millionen Jahren
Phanerozoikum				
	Känozoikum			
		Quartär		
			Holozän	0,01
			Pleistozän	1,6
		Tertiär		
			Pliozän	5
			Miozän	23
			Oligozän	35
			Eozän	56
			Paläozän	65
	Mesozoikum			
		Kreide		146
		Jura		208
		Trias		250
	Paläozoikum			
		Perm		290
		Karbon		362
		Devon		408
		Silur		439
		Ordovizium		510
		Kambrium		550
Präkambrium				4560

Maßstab
Die Umrisse des Tiers und die Umrisse eines erwachsenen Menschen durchschnittlicher Größe vermitteln dir eine Vorstellung von der Größe des Tiers.

Siamotyrannus

Kr Unterkreide

Körperlänge: 5–7 m
Ordnung: Saurischia
Familie: Tyrannosauridae
Verbreitung: Asien (Thailand)

Periode
Die Symbole geben an, in welcher Periode das Tier lebte. Sie werden weiter unten erklärt.

Körperlänge
(oder Flügelspannweite)
Hier wird die durchschnittliche Körperlänge oder Flügelspannweite des Tiers in Metern angegeben. Auf Seite 95 findest du eine Liste der Abkürzungen, die in diesem Buch verwendet werden.

Ordnung
Hier findest du die Ordnung, zu der die Familie gehört (siehe Seite 12–13 und 42–43).

Familie
Die Bezeichnung der Familie, zu der das Tier gehört, wird hier genannt (siehe Seite 12–13 und 42–43).

Verbreitung
Hier werden die Regionen der Erde aufgelistet, in denen man Fossilien der jeweiligen Art gefunden hat.

Legende

- **Ka** – Karbon, vor 362 bis 290 Millionen Jahren
- **P** – Perm, vor 290 bis 250 Millionen Jahren
- **T** – Trias, vor 250 bis 208 Millionen Jahren
- **J** – Jura, vor 208 bis 146 Millionen Jahren
- **Kr** – Kreide, vor 146 bis 65 Millionen Jahren
- **Pa** – Paläozän, vor 65 bis 56 Millionen Jahren
- **Pli** – Pliozän, vor 5 bis 1,6 Millionen Jahren
- **Ple** – Pleistozän, vor 1,6 Millionen bis 10 000 Jahren

Frühe Reptilien

Zu den heutigen Reptilien gehören die Schildkröten, Krokodile, Echsen und Schlangen. Sie besitzen alle ein Knochenskelett, schuppige Haut und die meisten legen Eier. Obwohl Schildkröten und einige andere Reptilienarten auch im Wasser leben können, verbringen die meisten Reptilien ihr Leben an Land.

In der Urzeit gab es viele Reptilienarten, die heute ausgestorben sind. Die ersten Reptilien, die schon 100 Millionen Jahre vor den Dinosauriern lebten, waren kleine eidechsenartige Tiere. Später, zur Zeit der Dinosaurier, erschienen die fliegenden (Pterosaurier) und viele Arten meeresbewohnender Reptilien, wie die Ichthyosaurier und Plesiosaurier. Eine andere wichtige Gruppe waren die säugetierähnlichen Reptilien, die noch vor den Dinosauriern die Erde beherrschten. Sie starben am Ende des Jura aus. Darunter gab es einige besonders weit entwickelte Arten, die Vorfahren der heutigen Säugetiere.

Dieser fossile Schädel gehörte einem fliegenden Reptil, dem Scaphognathus. Er lebte im Europa der Jurazeit und ernährte sich wahrscheinlich von Fischen. Dazu flog er dicht über der Wasseroberfläche und packte seine Beute mit den langen Kiefern.

Longisquama

Wie lebten die frühen Reptilien?

Die Reptilien, die sich aus den Lurchen (Amphibien) entwickelten, waren die ersten echten Landtiere mit einer Wirbelsäule. Lurche legen ihre Eier im Wasser ab und verbringen dort auch die erste Zeit ihres Lebens. Reptilien dagegen legen Eier mit einer festen Schale, die das Ei an der Luft vor dem Austrocknen schützt. Deshalb konnten sie auf dem Land abgelegt werden und machten die Reptilien unabhängig vom Wasser. Nachdem die ersten Reptilien im Oberkarbon entstanden waren, breiteten sie sich auf der ganzen Erde aus. Zur gleichen Zeit entwickelten sich auch meeresbewohnende Arten, wie die Plesiosaurier und Ichthyosaurier, und eroberten die Ozeane. Krokodile und fliegende Reptilien gehörten ebenso zu den Archosauriern oder „Herrscherreptilien" wie die Dinosaurier. Von ihnen gibt es heute nur noch die Krokodile.

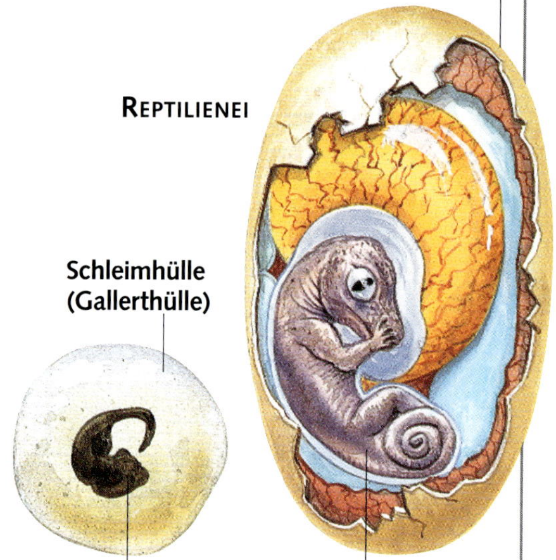

Die Schale macht's

Ein Amphibienei wird nur von einer Schleimhülle geschützt. Das Ei eines Reptils ist dagegen von einer festen Schale umhüllt. Sie verhindert an Land das Austrocknen des Embryos.

Hylonomus – ein frühes Reptil

Der Hylonomus, eines der frühesten Reptilien und das erste an Land lebende Wirbeltier, war ein leicht gebautes, eidechsenähnliches Tier. Es hatte kräftigere Kiefer als seine Amphibienvorfahren. Sein Becken und seine Schultern waren ebenfalls kräftiger, denn es musste sich im Gegensatz zu seinen Vorfahren an Land fortbewegen. Im Unterschied zu den späteren Reptilien hatte es noch einen geschlossenen Schädel, in dem sich nur Öffnungen für Augen und Nase befanden.

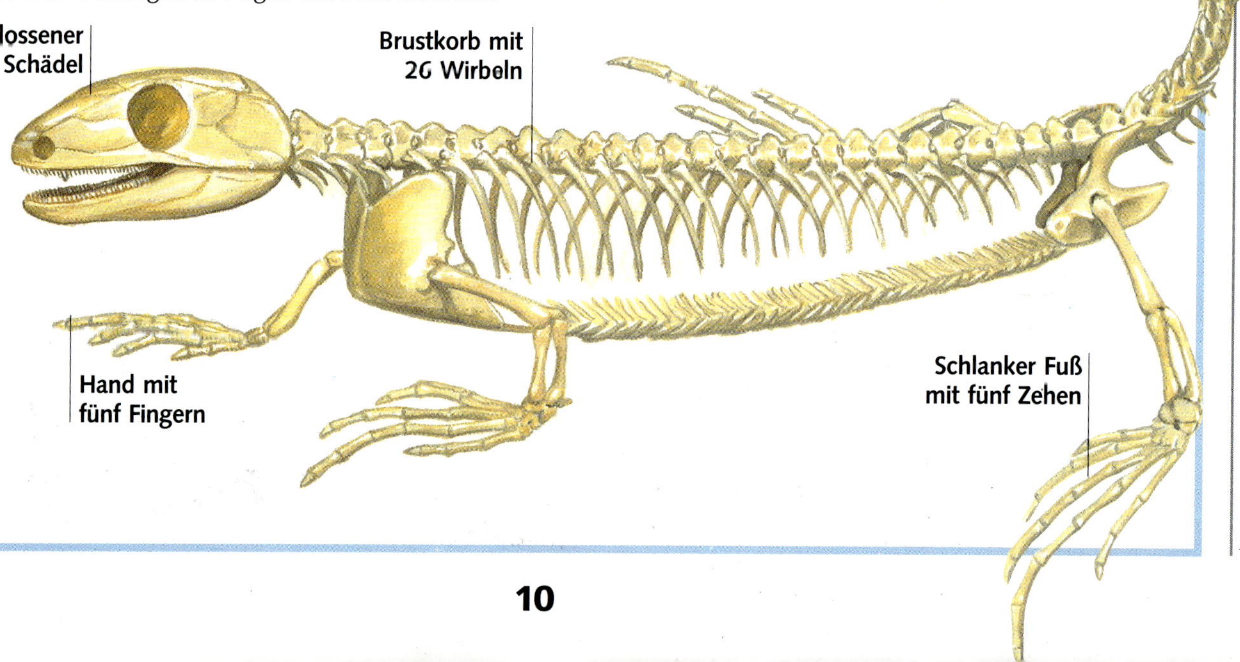

Verschiedene Reptilien

Frühes Reptil: Hylonomus

Die frühen Anapsiden (siehe unten), wie den Hylonomus, gab es im Oberkarbon. Die einzigen heute noch vorkommenden Anapsiden sind die Schildkröten.

Säugetierähnliches Reptil: Dicynodon

Vor den Dinosauriern beherrschten säugetierähnliche Reptilien die Erde. Sie starben in der Mitte des Jura aus.

Ichthyosaurier: Stenopterygius

Von allen Meeresreptilien waren die Ichthyosaurier am besten an das Leben im Meer angepasst. Diese schnellen Reptilien jagten Fische und Tintenfische.

Krokodil: Teleosaurus

Krokodile gab es bereits zur Zeit der Dinosaurier. Ihre starken, gepanzerten Körper haben sich seitdem kaum verändert.

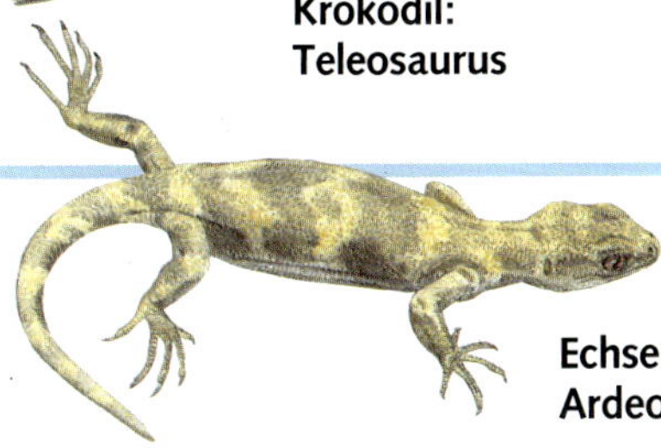

Echse: Ardeosaurus

Die ersten Eidechsen lebten in der Mitte des Jura. Die heutigen Eidechsen sind sehr weit verbreitet und kommen in tausenden von Arten vor.

Schildkröte: Archelon

Die ersten Schildkröten kamen in der Obertrias vor. Sie hatten, wie ihre heutigen Verwandten, einen harten Panzer, der den Körper schützte.

Fliegendes Reptil: Pteranodon

Fliegende Reptilien oder Pterosaurier erschienen erstmals in der Obertrias. Sie waren die ersten Wirbeltiere, die die Luft eroberten.

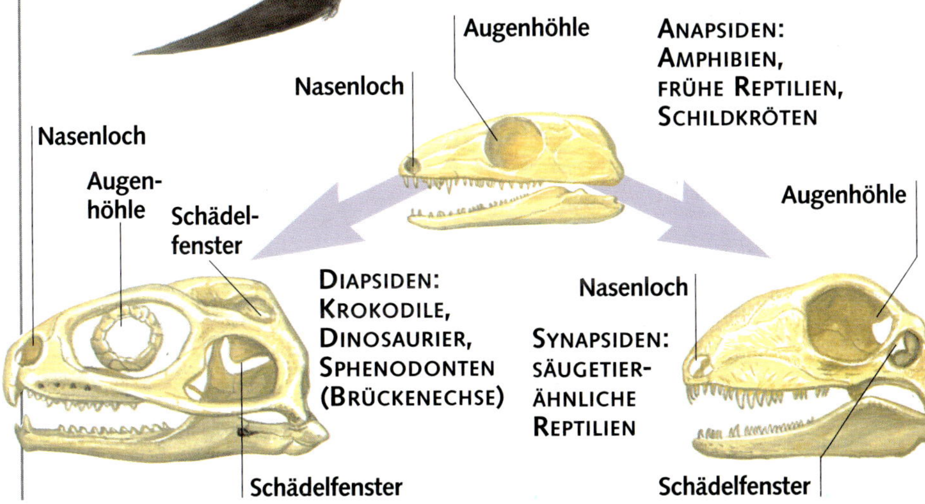

Schädelformen

Die frühesten Reptilien, die Anapsiden, hatten Schädel, in denen nur Öffnungen für Augen und Nase saßen. Spätere Reptilien, die Diapsiden und Synapsiden, trugen leichtere Schädel mit besonderen Öffnungen, den Schädelfenstern. So war nicht nur das Gewicht der Knochen geringer, sondern die Kiefermuskeln waren auch besser verankert. Die Diapsiden hatten hinter den Augen jeweils zwei Öffnungen, die Synapsiden oder säugetierähnlichen Reptilien eine große Öffnung auf jeder Seite.

Stammbaum der Reptilien

Im Oberkarbon kamen die ersten Reptilien vor. Es waren Anapsiden, die noch heute durch die Schildkröten vertreten sind. Daraus entwickelten sich die Synapsiden, die Vorfahren der heutigen Säugetiere. Auch die Diapsiden stammen von ihnen ab. Aus ihnen entstanden später die Dinosaurier, aber auch die heutigen Eidechsen und Schlangen. Viele dieser Reptiliengruppen sind heute ausgestorben, darunter meeresbewohnende Reptilien, wie die Ichthyosaurier und Plesiosaurier.

Die Einteilung der Reptilien

Die Reptilien werden, wie alle anderen Tiere auch, verschiedenen Gruppen oder Ordnungen zugerechnet. Diese Gruppen werden weiter untergliedert. Dabei ist die kleinste Einheit die Art oder Spezies. Mehrere Arten fasst man in einer Gattung zusammen, mehrere Gattungen in einer Familie und mehrere Familien in einer Ordnung.

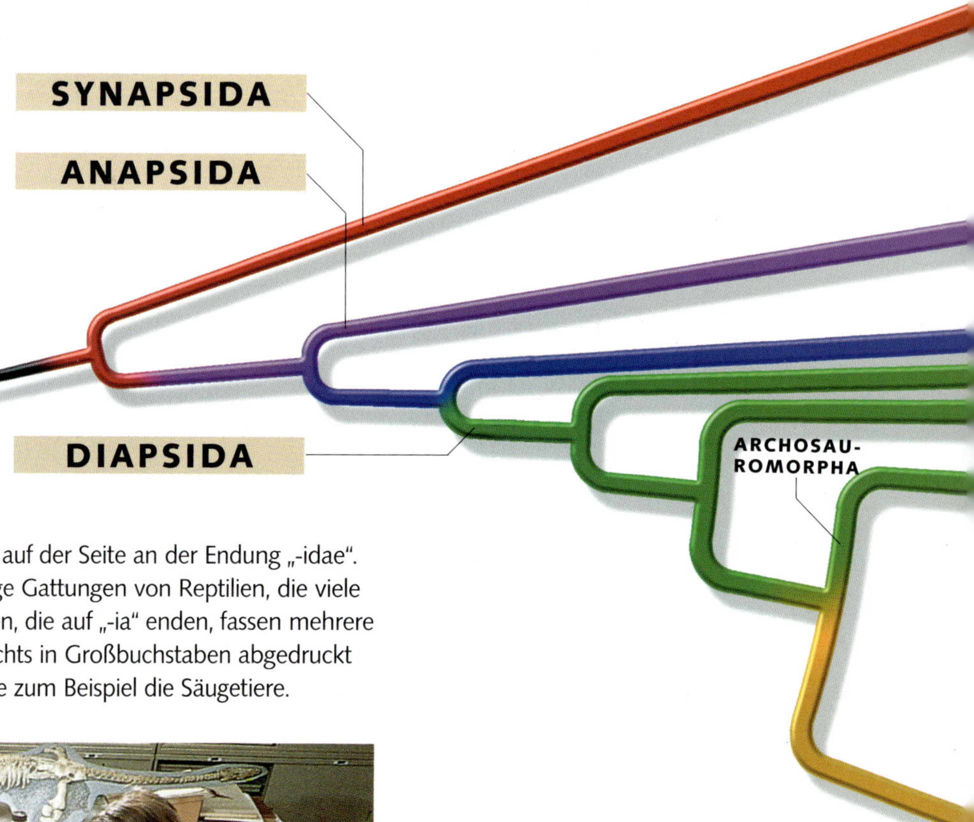

Die Familiennamen erkennt man ganz rechts auf der Seite an der Endung „-idae“. Zu einer solchen Familie gehören jeweils einige Gattungen von Reptilien, die viele gemeinsame Merkmale haben. Bezeichnungen, die auf „-ia“ enden, fassen mehrere Familien zusammen. Die Namen, die ganz rechts in Großbuchstaben abgedruckt sind, bezeichnen übergeordnete Gruppen, wie zum Beispiel die Säugetiere.

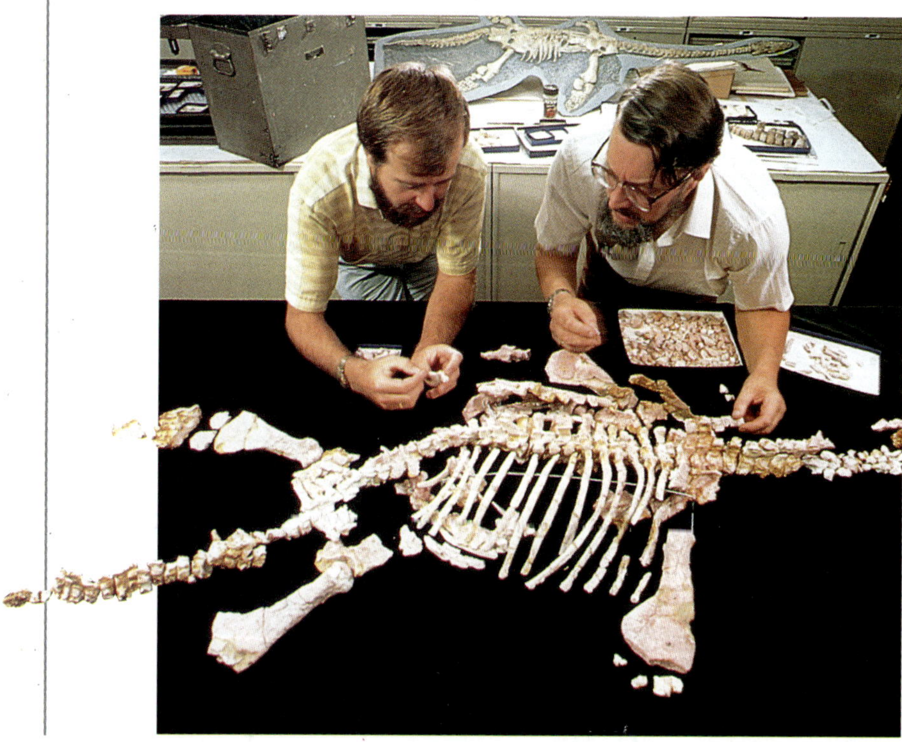

Zwei Paläontologen arbeiten an dem Skelett eines Plesiosauriers. Diese meeresbewohnenden Reptilien waren zur Zeit der Dinosaurier weit verbreitet. Die Wissenschaftler waren sich lange Zeit nicht einig, wie sich diese Tiere fortbewegten. Zuerst dachte man, sie hätten ihre Flossenfüße wie Ruder vor und zurück bewegt. Heute glaubt man eher, dass die Plesiosaurier ihre Flossen wie Flügel schlugen.

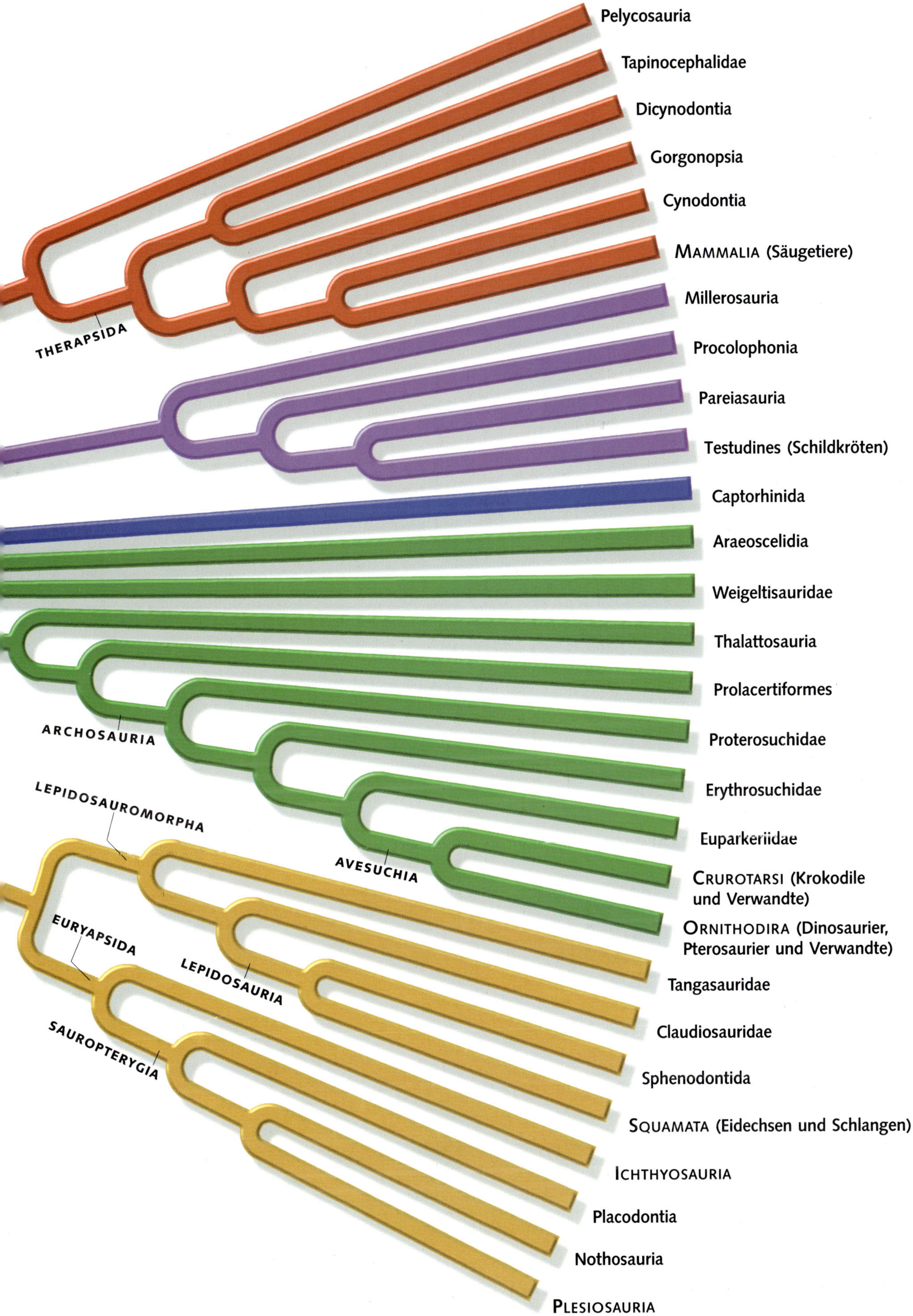
Pelycosauria
Tapinocephalidae
Dicynodontia
Gorgonopsia
Cynodontia
MAMMALIA (Säugetiere)
THERAPSIDA
Millerosauria
Procolophonia
Pareiasauria
Testudines (Schildkröten)
Captorhinida
Araeoscelidia
Weigeltisauridae
Thalattosauria
Prolacertiformes
ARCHOSAURIA
Proterosuchidae
Erythrosuchidae
LEPIDOSAUROMORPHA
Euparkeriidae
AVESUCHIA
CRUROTARSI (Krokodile und Verwandte)
ORNITHODIRA (Dinosaurier, Pterosaurier und Verwandte)
EURYAPSIDA
LEPIDOSAURIA
Tangasauridae
Claudiosauridae
SAUROPTERYGIA
Sphenodontida
SQUAMATA (Eidechsen und Schlangen)
ICHTHYOSAURIA
Placodontia
Nothosauria
PLESIOSAURIA

Die ersten Reptilien

Die Reptilien entstanden vor etwa 300 Millionen Jahren im Oberkarbon. Schon lange bevor die Archosaurier, die „Herrscherreptilien", zu denen auch die Dinosaurier gehörten, die Erde bevölkerten, gab es bereits viele Formen von Reptilien. Ihre Urahnen, die Anapsiden, hatten eines gemeinsam: Ihr Schädel bestand aus einer stabilen Knochenhülle, in der nur Löcher für die Augen und die Nasenöffnungen frei blieben. Ihre Kaumuskeln lagen im Innern des Schädels und waren sehr kurz, sodass sie ihr Maul nicht besonders weit öffnen konnten. Die Diapsiden, eine spätere Reptiliengruppe, hatten dagegen auf beiden Seiten des Kopfes zwei Schläfenöffnungen. Da ihre Kaumuskeln bis dorthin, also bis hinter die Augen, reichten, konnten sie ihr Maul weiter öffnen.

Longisquama

Die Longisquama, ein merkwürdiges, eidechsenartiges Geschöpf, trug auf dem Rücken eine Reihe großer, im Querschnitt v-förmiger Schuppen. Manche Forscher nehmen an, dass sie diese Schuppen zur Seite strecken und kurze Strecken durch die Luft segeln konnte. Genauso machen es die heutigen Segelechsen.

P Oberperm

Körperlänge: 60 cm
Ordnung: Millerosauria
Familie: Millerettidae
Verbreitung: Afrika (Südafrika)

T Untertrias

Körperlänge: 15 cm
Ordnung: Prolacertiformes
Familie: Longisquamidae
Verbreitung: Asien

Milleretta

Longisquama

Milleretta

Dieses kleine, eidechsenartige Geschöpf bewegte sich sehr schnell und erbeutete vermutlich Insekten. Bisher hat man die Vertreter dieser Familie aus dem Oberperm nur in Südafrika gefunden. Obwohl die Milleretta schon seitliche Schädelöffnungen besaß, gehörte sie noch zu den ursprünglichen Anapsiden.

Hylonomus

Der Hylonomus gehört zu den ältesten uns bekannten Reptilien. Man hat ihn als Fossil in den versteinerten Stämmen von baumförmigen Bärlappen gefunden. Wenn der untere Teil eines Baumes durch eine Flut im Schlamm versank, starb er ab und das Innere des Stammes verfaulte. Der Hylonomus jagte nach Insekten, die in solchen hohlen Stämmen lebten.

Ka Mittelkarbon

Körperlänge: 20 cm
Ordnung: Captorhinida
Familie: Protorothyrididaeais
Verbreitung: Nordamerika (Kanada oder Neuschottland)

Hylonomus

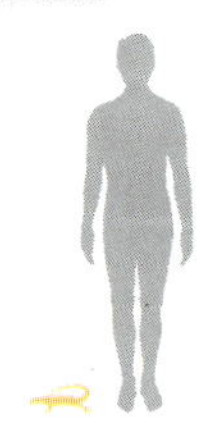

Pareiasaurus

Pareiasaurus

Mit einer Länge von 3 Meter war der Pareiasaurus das größte der frühen Reptilien. Er hatte einen mächtigen Körper, dessen Rücken von Knochenplatten geschützt wurde, die in der Haut saßen. Er war ein Pflanzenfresser und konnte mit seinen kleinen, am Rand gezackten Zähnen auch harte Blätter zerkauen.

P Mittelperm

Körperlänge: 2,50 m
Ordnung: Pareiasauria
Familie: Pareiasauridae
Verbreitung: Afrika; Osteuropa

Petrolacosaurus

Mit seinem schlanken, eidechsenartigen Körper gehörte der Petrolacosaurus zu den ersten Diapsiden. Seine Beine waren länger als bei typischen Eidechsen und der Schwanz war so lang wie Kopf und Körper zusammen. Vermutlich fraß er Insekten, die er mit seinen kleinen, scharfen Zähnen fing.

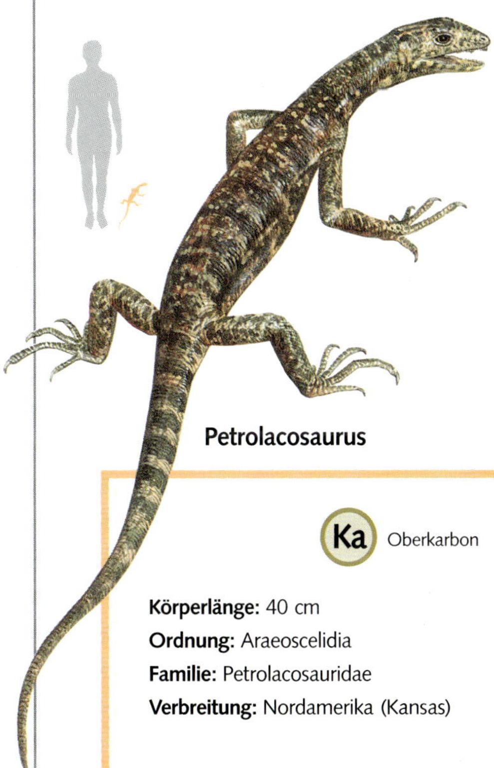

Petrolacosaurus

Ka Oberkarbon

Körperlänge: 40 cm
Ordnung: Araeoscelidia
Familie: Petrolacosauridae
Verbreitung: Nordamerika (Kansas)

Askeptosaurus

Der Askeptosaurus gehörte zu einer Familie von Diapsiden, den Thalattosauriern, die an ein Leben im Meer angepasst waren. Er hatte einen schlanken Körper, einen extrem langen Schwanz und Füße mit Schwimmhäuten. Die zahlreichen scharfen Zähne im langen Kiefer waren ideal für den Fischfang geeignet.

T Trias

Körperlänge: 40 cm
Ordnung: Thalattosauria
Familie: Askeptosauridae
Verbreitung: Europa (Schweiz)

Askeptosaurus

Hypsognathus

Die Procolophoniden, eine der ältesten Reptiliengruppen, lebten bis zur Obertrias. Der Hypsognathus war ein jüngeres Mitglied dieser Familie. Er hatte einen breiten, gedrungenen Körper und konnte vermutlich nicht schnell laufen. Die Stacheln an seinem Kopf schützten ihn vor Feinden.

T Obertrias

Körperlänge: 33 cm
Ordnung: Procolophonia
Familie: Procolophonidae
Verbreitung: Nordamerika (New Jersey)

Hypsognathus

Säugetierähnliche Reptilien

Die ersten Vertreter dieser Reptilien lebten vor rund 300 Millionen Jahren. Sie beherrschten die Erde, bis in der Trias die Dinosaurier erschienen. Im Oberkarbon und Unterperm lebten die Pelycosaurier, die älteste Gruppe der säugetierähnlichen Reptilien. Sie entwickelten sich rasch aus kleinen, eidechsenartigen Geschöpfen zu kräftigen Tieren mit starkem Kiefer und unterschiedlich geformten Zähnen. Seit dem Perm kamen weiterentwickelte Gruppen hinzu, wie die Pflanzen fressenden Dicynodonten und die Fleisch fressenden Gorgonopsiden und Cynodonten. Die Cynodonten waren besonders weit entwickelte, säugetierähnliche Reptilien, die zuletzt ausstarben. Einige von ihnen gehören zu den direkten Urahnen der Säugetiere.

T Untertrias

Körperlänge: 1 m
Ordnung: Cynodontia
Familie: Cynognathidae
Verbreitung: Afrika (Südafrika); Südamerika (Argentinien)

Cynognathus

Cynognathus

Mit dem kräftigen Körper und einem über 30 Zentimeter langen Kopf gehörte der Cynognathus zu den größten Cynodonten. Wie seine starken Kiefer zeigen, war er ein gefährliches Raubtier. Er hatte, wie die Säugetiere, drei Arten von Zähnen: scharfe Schneidezähne, spitze Eckzähne und breite Backenzähne.

Edaphosaurus

P Unterperm

Körperlänge: 3 m
Ordnung: Pelycosauria
Familie: Edaphosauridae
Verbreitung: Europa (Deutschland, Tschechische Republik); Nordamerika (Texas)

Edaphosaurus

Der Edaphosaurus trug auf seinem Rücken lange Stacheln, die vermutlich von stark durchbluteter Haut überzogen waren. Möglicherweise konnte er mit diesem segelartigen Organ seine Körpertemperatur regeln. Hielt er das „Segel“ in die Sonne, erwärmte sich das Blut, das durch das Segel floss. Wandte er sich von der Sonne ab, so konnte ihn der Wind kühlen.

Kannemeyeria

Der Kannemeyeria, ein Pflanzen fressendes Reptil mit riesigem Kopf, gehörte zu den größten Dicynodonten. Mächtige, schwere Beine trugen seinen massigen Körper. Mit dem harten Schnabel riss er Blattbüschel ab und zermahlte sie mit seinem zahnlosen Kiefer.

T Mitteltrias

Körperlänge: 3 m
Ordnung: Dicynodontia
Familie: Kannemeyeriidae
Verbreitung: Afrika (Südafrika); Asien (Indien); Südamerika (Argentinien)

Kannemeyeria

Lycaenops

Dieses kleine, leicht gebaute Raubtier hatte lange, schlanke Beine und konnte vermutlich sehr schnell laufen. Seine kräftigen Kiefer mit den langen Eckzähnen glichen denen des späteren Säbelzahntigers. Vielleicht machte der Lycaenops im Rudel Jagd auf große Pflanzenfresser, wie zum Beispiel die Moschops.

Oligokyphus

J Unterjura

Körperlänge: 50 cm
Ordnung: Cynodontia
Familie: Tritylodontidae
Verbreitung: Europa (England)

Oligokyphus

Die Tritylodonten, wie der Oligokyphus, überlebten als einzige säugetierähnliche Reptilien bis in den Jura. Der Oligokyphus war ein wieselartiges Tier mit langem Körper, das sich von Pflanzen ernährte. In seinem Kiefer saßen Reihen hoch spezialisierter, spitzer Zähne.

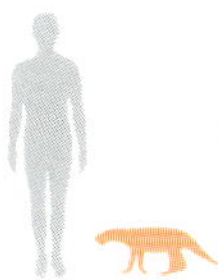

Lycaenops

P Oberperm

Körperlänge: 1 m
Ordnung: Gorgonopsia
Familie: Gorgonopsidae
Verbreitung: Afrika (Südafrika)

Lystrosaurus

Der Lystrosaurus hatte einen kurzen, aber dicken Schädel und stärkere Kaumuskeln als die meisten Dicynodonten. Fossilien dieses Tieres in Südafrika, Indien und der Antarktis waren ein weiterer Beweis für einen großen Südkontinent (Gondwana) während des Oberperm und der Trias.

T Untertrias

Körperlänge: 1 m
Ordnung: Dicynodontia
Familie: Lystrosauridae
Verbreitung: Afrika (Südafrika); Asien (China, Indien); Antarktis; Europa (Russland)

Lystrosaurus

Moschops

Dieses große, Pflanzen fressende Reptil trug einen massigen Kopf auf seinem mächtigen Körper. Die Stirnknochen waren bis zu 10 Zentimeter dick, ähnlich wie die der Dickschädelsaurier (siehe Seite 68–69). Vielleicht trugen sie ihre Rangordnungskämpfe – wie die Rehböcke heute – mit ihren Köpfen aus.

P Oberperm

Körperlänge: 5 m
Ordnung: Therapsida
Familie: Tapinocephalidae
Verbreitung: Afrika (Südafrika)

Moschops

Trias

Als vor etwa 250 Millionen Jahren die Trias begann, wurde das Leben auf der Erde von säugetierähnlichen und anderen Reptilien, wie den Krokodilen, beherrscht. In den Flüssen lebten Frösche, Schildkröten und Fische, in den Meeren schwammen die Ichthyosaurier und Nothosaurier. Die Dinosaurier erschienen erst gegen Ende der Trias und breiteten sich rasch auf ganz Pangäa aus. Als die Dinosaurier begannen die Erde zu beherrschen, waren viele der frühen Reptilien bereits ausgestorben.

Deutschland zur Triaszeit

So könnte es im heutigen Süddeutschland zur Triaszeit gewesen sein: Eine Gruppe von Pflanzen fressenden Dinosauriern weidet die Zweige von Nadelbäumen ab. Der Fleisch fressende Ceratosaurier Liliensternus kommt heran und stört ihren Frieden. Die beiden kleinen Krokodile Terrestrisuchus und die spitzmausartigen Säugetiere suchen im dichten Unterwuchs von Palmfarnen und Schachtelhalmen nach Insekten. Ein paar Pterosaurier fliegen umher.

Die Erde zur Triaszeit

In der Trias bildeten alle heutigen Kontinente den Superkontinent Pangäa, der sich zu beiden Seiten des Äquators erstreckte. Daher konnten sich Pflanzen und Tiere ohne Schwierigkeiten auf der ganzen Erde ausbreiten. Das Klima war warm und ohne große Schwankungen. Die Pole trugen keine Eiskappen.

Schildkröten

Vor mehr als 200 Millionen Jahren, in der Obertrias, tauchten die ersten Schildkröten und ihre Verwandten auf. Schon damals besaßen sie einen dicken Panzer und sahen so ähnlich wie ihre heutigen Verwandten aus. Außerdem konnten einige bereits ihren Kopf und ihre Beine in den Panzer zurückziehen und sich so vor Feinden schützen. Ihr Rückenpanzer bestand aus Knochenplatten mit einem Überzug aus glattem Horn, wie die Panzer der heutigen Schmuckschildkröten. Knochenplatten schützten auch den Bauch. Wie die heutigen Schildkröten hatten die meisten frühen Vertreter keine Zähne. Sie rissen die Pflanzen mit ihrem harten Hornschnabel aus.

Proganochelys

T Obertrias

Körperlänge: 1 m
Ordnung: Testudines
Familie: Proganochelyidae
Verbreitung: Europa (Deutschland)

Proganochelys

Proganochelys ist eine der ältesten uns bekannten Schildkröten. Ein hoch gewölbter, breiter Panzer bedeckte ihren Rücken. Ihre weiche Unterseite wurde von Knochenplatten geschützt. Einige zusätzliche Knochenplatten am Panzerrand dienten dem Schutz der Beine. Proganochelys besaß Zähne, allerdings nur im Gaumen. Ansonsten hatte sie einen zahnlosen Hornschnabel wie die heutigen Schildkröten.

Archelon

Archelon

Dieser Riesenschildkröte fehlte der schwere Panzer, den die meisten ihrer Verwandten auf dem Land und im Süßwasser besaßen. Stattdessen wurde ihr Körper von einzelnen Knochenplatten geschützt, die vermutlich von einer dicken, ledrigen Haut überzogen waren. Sie bewegte sich mit ihren paddelartigen Beinen durch das Wasser. Möglicherweise ernährte sich Archelon, wie die modernen Lederschildkröten, von Quallen.

Kr Oberkreide

Körperlänge: 3,70 m
Ordnung: Testudines
Familie: Protostegidae
Verbreitung: Nordamerika (Kansas, South Dakota)

Meiolania

Diese große Schildkröte trug lange Stacheln auf dem Kopf. Zwei davon waren zur Seite gerichtet, sodass ihr Kopf etwa 60 Zentimeter breit war. Daher konnte sie den Kopf nicht in ihren Panzer zurückziehen. Auch der Schwanz trug eine Knochenpanzerung und besaß ein stacheliges Ende.

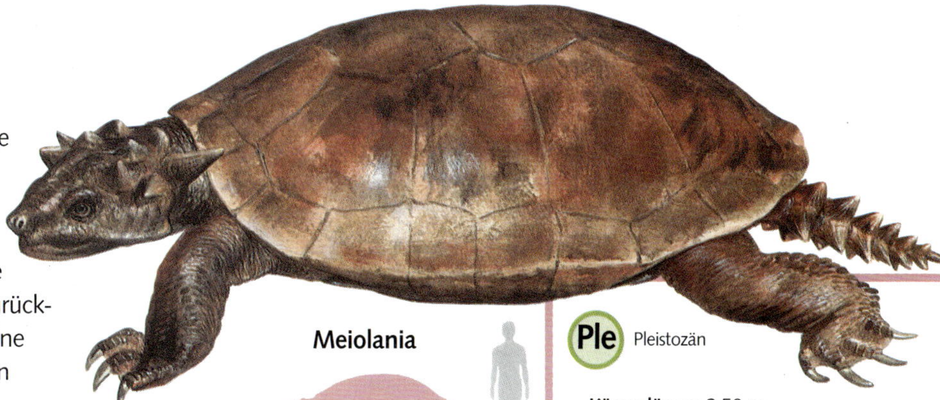

Meiolania

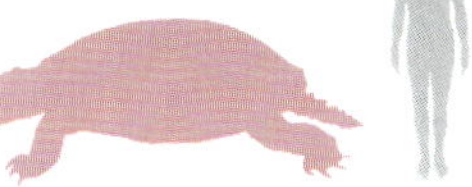

Ple Pleistozän

Körperlänge: 2,50 m
Ordnung: Testudines
Familie: Meiolaniidae
Verbreitung: Australien

Pa Paläozän

Körperlänge: 45 cm
Ordnung: Testudines
Familie: Trionychidae
Verbreitung: Nordamerika

Paleotrionyx

Paleotrionyx war eine Weichschildkröte. Die Knochenplatten ihres Panzers wurden nicht von einer harten, schützenden Hornschicht, sondern von einer ledrigen Haut bedeckt. Sie hatte einen langen, beweglichen Hals und einen scharfen Schnabel. Damit riss sie Wasserpflanzen aus und fing Insekten oder sogar kleine Fische.

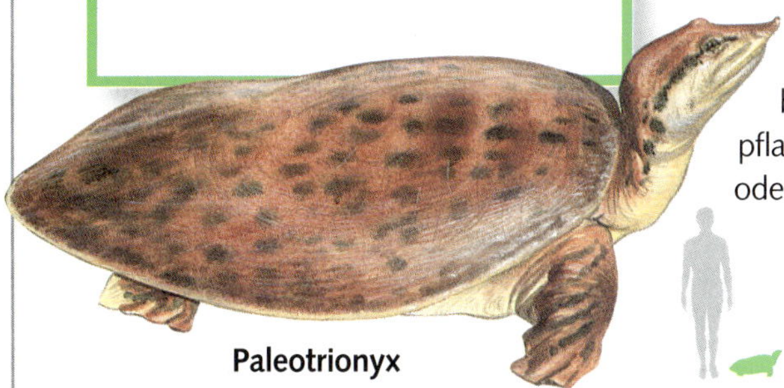

Paleotrionyx

Stupendemys

Stupendemys, die größte Süßwasserschildkröte aller Zeiten, starb vor etwa drei Millionen Jahren aus. Dieser Riese lebte im Wasser und ernährte sich, wie die heutigen Wasserschildkröten, von Wasserpflanzen. Die größte, heute vorkommende Süßwasserschildkröte misst dagegen nur 75 Zentimeter.

Testudo atlas

Sie war mit einem Gewicht von bis zu 4 Tonnen die größte Schildkröte aller Zeiten – doppelt so lang wie die heutigen Riesenschildkröten. Wahrscheinlich ernährte sich Testudo von Pflanzen. Wurde sie angegriffen, zog sie Kopf und Beine in den schweren Knochenpanzer zurück.

Pli Frühes Pliozän

Körperlänge: 2 m
Ordnung: Testudines
Familie: Pelomedusidae
Verbreitung: Südamerika (Venezuela)

Stupendemys

Ple Pleistozän

Körperlänge: 2,50 m
Ordnung: Testudines
Familie: Testudinidae
Verbreitung: Asien (Indien)

Testudo atlas

Eidechsen und Schlangen

Mit über 7000 Arten stellen die Eidechsen und Schlangen heute eine sehr vielfältige Reptiliengruppe dar. Abgesehen von der Antarktis kommen sie auf allen Erdteilen (Kontinenten) vor. Die frühesten uns bekannten Eidechsen waren kleine Insekten fressende Tiere, die im Mitteljura im heutigen England lebten. Bis zum Oberjura waren daraus viele Echsenformen entstanden. Zu den frühen eidechsenartigen Reptilien gehören die Sphenodonten, wie der Planocephalosaurus, und im Wasser lebende Reptilien, wie der Hovasaurus. Man nimmt an, dass sich die Schlangen aus Wasserreptilien mit langen Körpern, wie dem Pachyrhachis, entwickelt haben.

Megalania

Ple Pleistozän

Körperlänge: 8 m
Ordnung: Squamata
Familie: Varanidae
Verbreitung: Australien

Planocephalosaurus

Die Sphenodonten, zu denen dieses eidechsenartige Tier gehörte, erschienen erstmals in der Obertrias. Heute lebt nur noch ein Vertreter dieser Gruppe, die Brückenechse. Sie kommt auf Neuseeland vor und ist ein „lebendes Fossil", das sich seit 220 Millionen Jahren kaum verändert hat.

Planocephalosaurus

T Obertrias

Körperlänge: 20 cm
Ordnung: Sphenodontida
Familie: Sphenodontidae
Verbreitung: Europa (England)

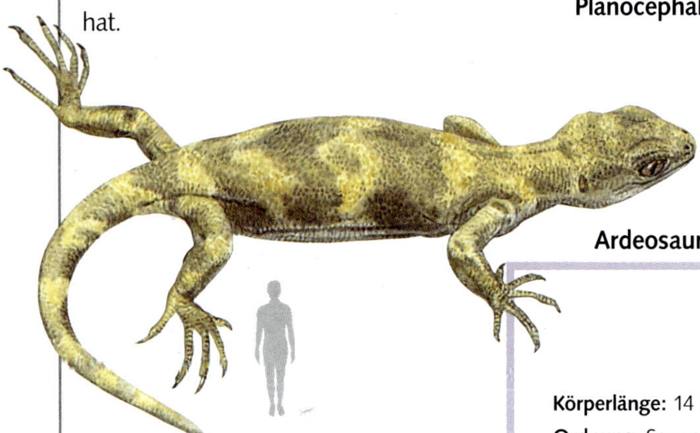

Ardeosaurus

J Oberjura

Körperlänge: 14 cm
Ordnung: Squamata
Familie: Ardeosauridae
Verbreitung: Europa (Deutschland)

Ardeosaurus

Der Ardeosaurus ist ein Urahn der Geckos. Er hatte, genau wie sie, einen flachen Kopf und große Augen. Vermutlich ging er, wie die Geckos auch, nachts auf die Jagd und schnappte mit dem kräftigen Kiefer nach Insekten und Spinnen. Mit schlankem Körper, langem Schwanz und den seitwärts gerichteten Beinen sah der Ardeosaurus den heutigen Eidechsen schon recht ähnlich.

Plotosaurus

Die Mosasaurier, wie der Plotosaurus, waren Eidechsen, die im Meer lebten. Die Gliedmaßen waren kurze Paddel, wobei die vorderen beiden länger waren als die hinteren. Während er mit diesen Paddeln lenkte, trieb ihn die Schwanzflosse voran.

Plotosaurus

Megalania

In der Oberkreide tauchten die ersten Warane auf. Seither haben sie sich kaum verändert. Wahrscheinlich wog Megalania viermal so viel wie der Komodo-Waran – die größte, heute vorkommende Eidechse. Vermutlich ernährte sich Megalania von australischen Beuteltieren, die es in der Steppe jagte.

Hovasaurus

Der Schwanz dieses im Wasser lebenden Reptils war doppelt so lang wie sein Körper. Da er hoch aufragte und seitlich abgeplattet war, konnte ihn der Hovasaurus wie ein Ruder benutzen. Vermutlich schluckte der Hovasaurus Steine, um auf der Jagd besser tauchen zu können.

P Oberperm

Körperlänge: 50 cm
Ordnung: Lepidosauromorpha
Familie: Tangasauridae
Verbreitung: Afrika (Madagaskar)

Hovasaurus

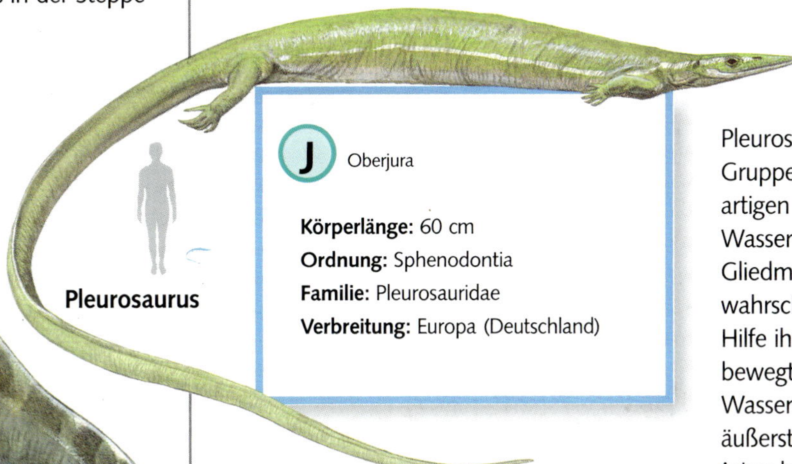

Pleurosaurus

J Oberjura

Körperlänge: 60 cm
Ordnung: Sphenodontia
Familie: Pleurosauridae
Verbreitung: Europa (Deutschland)

Pleurosaurus

Pleurosaurus gehörte zu einer Gruppe von schlanken, schlangenartigen Sphenodonten, die im Wasser lebten. Da sie nur winzige Gliedmaßen hatten, gingen sie wahrscheinlich nie an Land. Mit Hilfe ihres langen Schwanzes bewegten sie sich durch das Wasser. Pleurosaurier hatten äußerst lange Körper. Manche Arten besaßen bis zu 57 Wirbel.

Kr Oberkreide

Körperlänge: 10 m
Ordnung: Squamata
Familie: Mosasauridae
Verbreitung: Nordamerika (Kansas)

Kr Unterkreide

Körperlänge: 1 m
Ordnung: Squamata
Familie: Pachyrhachidae
Verbreitung: Vorderasien (Israel)

Pachyrhachis

Die Eidechse Pachyrhachis lebte im Wasser, hatte den langen Körper einer Schlange und den großen Kopf eines Warans. Sie besaß nur noch zwei winzige Hinterbeine und schwamm, indem sie den Körper hin und her schlängelte. Vielleicht ist dieses Reptil einer der Vorfahren unserer heutigen Schlangen.

Pachyrhachis

Placodontier und Nothosaurier

Im Zeitalter der Dinosaurier gab es mehrere Gruppen von Reptilien, die im Meer lebten. Die Placodontier aus der Trias waren noch nicht so gut an ein Leben im Wasser angepasst. Sie hielten sich an der Küste oder im Flachwasser auf, immer auf der Suche nach Muschelbänken. Die Nothosaurier waren bereits besser an das Leben im Meer angepasst. Sie fingen Fische und hatten einen stromlinienförmigen Körper, einen langen Schwanz und Füße mit Schwimmhäuten. Beide Gruppen starben gegen Ende der Trias aus. Im Oberperm gab es die Claudiosaurier. Sie lebten sowohl an Land als auch im Wasser. Vielleicht stellen sie ein Bindeglied zwischen den an Land lebenden Reptilien und den späteren Meeresreptilien dar.

T Trias

Körperlänge: 4 m
Ordnung: Nothosauria
Familie: Nothosauridae
Verbreitung: Europa

Ceresiosaurus

Dieser Nothosaurier bewegte beim Schwimmen den langen Körper und Schwanz schlängelnd hin und her. Wie die Plesiosaurier des Jura hatte er Flossen. Mit ihnen konnte er paddeln. Die etwas größeren Vorderflossen verwendete er wahrscheinlich zum Steuern und Abbremsen.

Pistosaurus

Pistosaurus

Dieses im Meer lebende Reptil hatte sowohl Merkmale der Nothosaurier als auch der Plesiosaurier (siehe Seite 26–27). Sein Körper sah aus wie der eines Nothosauriers, hatte aber eine steife Wirbelsäure wie die Plesiosaurier. Wahrscheinlich bewegte er sich hauptsächlich mit den paddelartigen Beinen fort und setzte Körper oder Schwanz kaum ein.

T Trias

Körperlänge: 3 m
Ordnung: Nothosauria
Familie: Pistosauridae
Verbreitung: Europa (Deutschland, Frankreich)

Nothosaurus

Nothosaurus

Dieser typische Nothosaurier lebte ähnlich wie die heutigen Robben: Er fing Fische im Meer und ruhte sich an Land aus. Er hatte einen langen, biegsamen Körper und Schwanz und zwischen seinen langen Zehen wahrscheinlich Schwimmhäute. Seine langen, schmalen Kiefer trugen scharfe Zähne – ideal für den Fischfang.

T Trias

Körperlänge: 3 m
Ordnung: Nothosauria
Familie: Nothosauridae
Verbreitung: Asien (z. B. China); Europa (z. B. Deutschland); Nordafrika

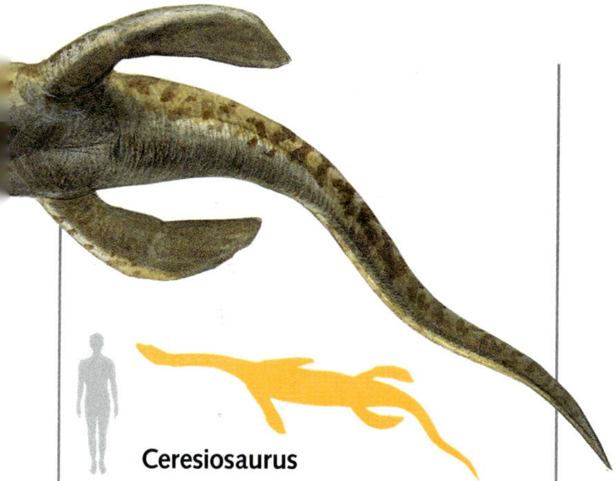

Ceresiosaurus

T Mitteltrias

Körperlänge: 60 cm
Ordnung: Nothosauria
Familie: Nothosauridae
Verbreitung: Europa (Spanien)

Lariosaurus

Lariosaurus

Der Lariosaurus war ein kleinerer Nothosaurier, der sich meist an der Küste aufhielt oder im Flachwasser umherpaddelte, um kleine Fische und Krabben zu jagen. Sein Hals war kürzer als bei den meisten Nothosauriern und die kurzen Zehen waren beim Schwimmen keine große Hilfe.

T Obertrias

Körperlänge: 1 m
Ordnung: Placodontia
Familie: Henodontidae
Verbreitung: Europa (Deutschland)

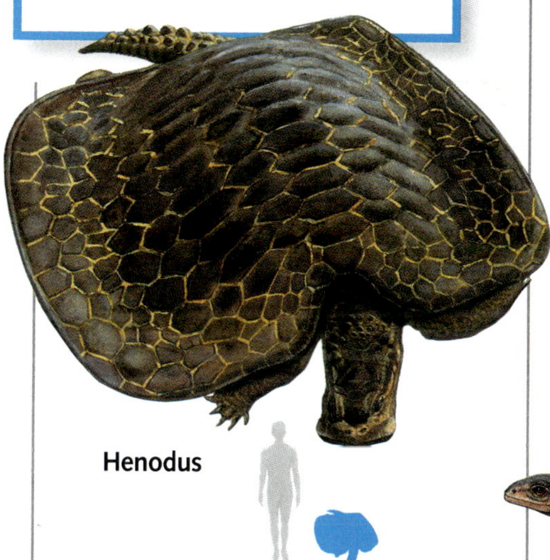

Henodus

Henodus

Der viereckig geformte Körper des Placodontiers war mit Knochenplatten bedeckt. Dieser harte Panzer bildete einen guten Schutz vor Angriffen durch andere Meeresreptilien, wie die Ichthyosaurier. Der Henodus besaß keine Zähne, sondern wahrscheinlich einen verhornten Schnabel wie die Schildkröten. Damit konnte er auch Schalentiere fressen.

Claudiosaurus

Dieses eidechsenartige Tier lebte wahrscheinlich so ähnlich wie die heutigen Meerechsen. Genau wie sie verbrachte er viel Zeit damit, sich auf den Felsen am Ufer auszuruhen und seinen Körper für die Jagd aufzuwärmen. Im Wasser legte er die Beine an den Körper an. So war er stromlinienförmiger, wenn er in den Tangwäldern nach Nahrung suchte.

P Oberperm

Körperlänge: 60 cm
Ordnung: Lepidosauromorpha
Familie: Claudiosauridae
Verbreitung: Afrika (Madagaskar)

Claudiosaurus

T Unter- bis Mitteltrias

Körperlänge: 2 m
Ordnung: Placodontia
Familie: Placodontidae
Verbreitung: Europa (Alpen)

Placodus

Der Placodus hatte einen stämmigen Körper und lebte wahrscheinlich im Wasser. Darauf deuten die Schwimmhäute an den Füßen und sein langer Schwanz hin. Seine Zähne lassen vermuten, dass er Schalentiere fraß: Mit den stumpfen Vorderzähnen löste er Muscheln und Schnecken von den Felsen und zermahlte sie mit den breiten, flachen Backenzähnen.

Placodus

Plesiosaurier und Ichthyosaurier

Plesiosaurier und Ichthyosaurier beherrschten die Weltmeere im Jura und in der Kreide. Es gab zwei Familien von Plesiosauriern – die Pliosaurier und die eigentlichen Plesiosaurier. Plesiosaurier hatten lange Hälse, kurze Köpfe und fraßen nur kleinere Meerestiere. Pliosaurier waren dagegen gefürchtete Jäger. Mit ihrem kräftigen Kiefer konnte der Pliosaurier Haie und große Tintenfische erbeuten. Die Ichthyosaurier waren optimal an ein Leben im Meer angepasst. Sie besaßen einen stromlinienförmigen, fischartigen Körper und einen Schwanz, den sie kraftvoll hin und her schlagen konnten. So erreichten sie hohe Geschwindigkeiten.

Ophthalmosaurus

J Oberjura

Körperlänge: 3,50 m
Ordnung: Ichthyosauria
Familie: Ichthyosauridae
Verbreitung: Europa (England, Frankreich); Nordamerika (z. B. Kanada); Südamerika (Argentinien)

Ophthalmosaurus

Die riesigen Augen dieses Ichthyosauriers maßen 10 Zentimeter im Durchmesser. Damit sie dem Wasserdruck standhalten konnten, war jeder Augapfel von einem Ring aus Knochenplatten umgeben. Diese großen Augen ermöglichten ihnen unter schlechten Lichtverhältnissen, wie sie nachts oder in tieferen Meeresbereichen herrschen, zu jagen.

Elasmosaurus

Der Elasmosaurus war der längste uns bekannte Plesiosaurier. Sein Hals hatte eine Länge von 8 Metern und wurde von bis zu 71 Wirbeln gestützt. Die Kiefer in seinem relativ kleinen Kopf trugen scharfe, spitze Zähne. Wahrscheinlich jagte er Fische.

Elasmosaurus

Kr Oberkreide

Körperlänge: 14 m
Ordnung: Plesiosauria
Familie: Elasmosauridae
Verbreitung: Asien (Japan); Nordamerika (Kansas)

Shonisaurus

Liopleurodon

Der Liopleurodon war ein massiv gebauter Pliosaurier mit großem Kopf, kurzem, dickem Hals und einem stromlinienförmigen Körper. Mit seinen großen, kraftvollen Flossen konnte er wahrscheinlich weite Strecken schwimmen, wenn er auf der Jagd nach Tintenfischen oder anderen Plesiosauriern und Ichthyosauriern war.

Plesiosaurus

J Unterjura

Körperlänge: 2,30 m
Ordnung: Plesiosauria
Familie: Plesiosauridae
Verbreitung: Europa (Deutschland, England)

Liopleurodon

J Oberjura

Körperlänge: 12 m
Ordnung: Plesiosauria
Familie: Pliosauridae
Verbreitung: Europa (Deutschland, England, Frankreich, Russland)

Plesiosaurus

Als typischer Plesiosaurier hatte der Plesiosaurus einen langen Hals mit einem kleinen Kopf. Er jagte kleine Tintenfische und Fische. Dazu streckte er den Kopf hoch aus dem Wasser heraus und spähte nach Beute. Entdeckte er etwas, schlug er den Kopf plötzlich nach unten und packte sein Opfer mit dem Maul.

J Unterjura Kr Unterkreide

Körperlänge: 2 m
Ordnung: Ichthyosauria
Familie: Ichthyosauridae
Verbreitung: Europa (Deutschland, England); Grönland; Nordamerika (Alberta)

Ichthyosaurus

Ichthyosaurus

Von Ichthyosaurus hat man sehr viele Fossilien gefunden. Deshalb gehört er zu den uns am besten bekannten Tieren der Urzeit. Einige der Fossilien erwachsener Tiere trugen noch die winzigen Knochen von Jungen in sich. Die Ichthyosaurier brachten, wie heute die Delfine, lebende Junge zur Welt.

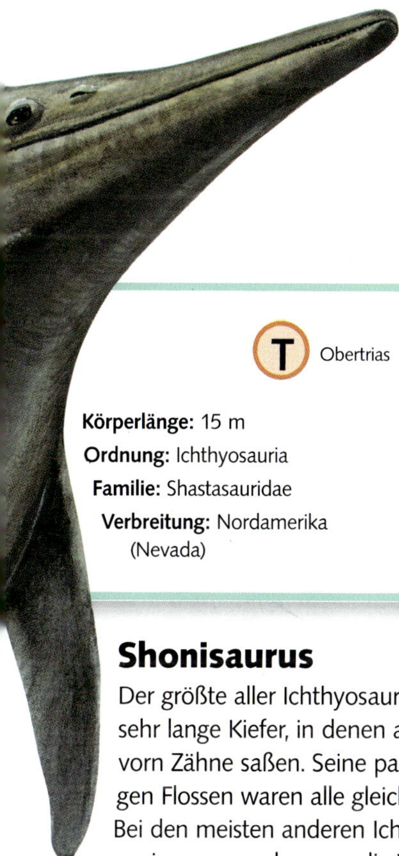

T Obertrias

Körperlänge: 15 m
Ordnung: Ichthyosauria
Familie: Shastasauridae
Verbreitung: Nordamerika (Nevada)

Shonisaurus

Der größte aller Ichthyosaurier hatte sehr lange Kiefer, in denen aber nur vorn Zähne saßen. Seine paddelartigen Flossen waren alle gleich groß. Bei den meisten anderen Ichthyosauriern waren dagegen die Vorderflossen länger als die Hinterflossen.

Kronosaurus

Kronosaurus

Der Kronosaurus war der größte uns bekannte Pliosaurier. Er hatte einen riesigen, oben abgeflachten Kopf, der fast ein Viertel seiner Körperlänge ausmachte. Dieses gefürchtete Raubtier bewegte sich äußerst schnell. Es schlug seine starken Flossen auf und nieder, als würde es durch das Wasser fliegen.

Kr Unterkreide

Körperlänge: 12,80 m
Ordnung: Plesiosauria
Familie: Pliosauridae
Verbreitung: Australien (Queensland)

Meeresreptilien

Zur Zeit der Dinosaurier wimmelte es im Meer von Leben. Fische, wie der Lepidotes, deren Körper dicke Knochenschuppen trugen, jagten Würmer, Weichtiere und andere kleine Tiere. Auf dem Meeresboden lebten die Seelilien, die mit den Seesternen verwandt sind. Sie fingen mit ihren verzweigten Armen winzige Beutetiere. Auch die heute ausgestorbenen Belemniten und Ammoniten, die mit den Tintenfischen verwandt sind, kamen häufig vor. Der weiche Körper der Ammoniten war durch eine schneckenartige Schale geschützt. Die Belemniten hatten einen gestreckten Körper und lange Fangarme, wie die heutigen Tintenfische. Zu den größten Tieren gehörten die vielen verschiedenen Meeresreptilien, wie die Ichthyosaurier und die Plesiosaurier. Sie durchstreiften die Meere auf der Jagd nach Fischen, Tintenfischen und Belemniten.

Unterwassergeburt

Die Ichthyosaurier brachten ihre Jungen schwimmend zur Welt. Wie die heutigen Delfine und Wale wurden die Jungen mit dem Schwanz voran geboren. Dieses Fossil zeigt einen weiblichen Ichthyosaurier, der gerade ein Junges zur Welt bringt.

In diesem Jura-Meer stiebt ein Belemnitenschwarm auseinander, als sich ein Ichthyosaurus nähert und mit seiner langen Schnauze nach Beute schnappt. Ein anderer Ichthyosaurier, der Eurhinosaurus, schwimmt zum Atmen an die Wasseroberfläche.

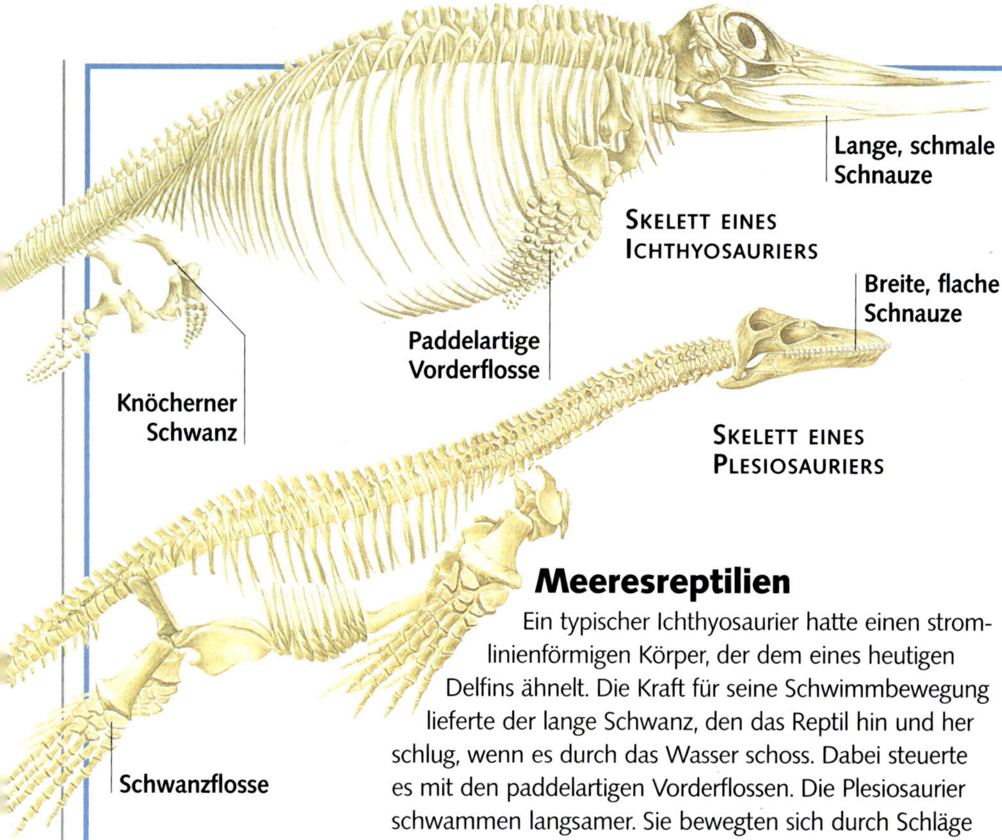

Meeresreptilien

Ein typischer Ichthyosaurier hatte einen stromlinienförmigen Körper, der dem eines heutigen Delfins ähnelt. Die Kraft für seine Schwimmbewegung lieferte der lange Schwanz, den das Reptil hin und her schlug, wenn es durch das Wasser schoss. Dabei steuerte es mit den paddelartigen Vorderflossen. Die Plesiosaurier schwammen langsamer. Sie bewegten sich durch Schläge mit den großen Hinterflossen. Die Plesiosaurier hatten, im Unterschied zu den Ichthyosauriern, einen kürzeren Schwanz, einen langen Hals und einen relativ kleinen Kopf.

Frühe „Herrscherreptilien“

Zu den Archosauriern oder „Herrscherreptilien“ gehörten auch die Dinosaurier. Von den unterschiedlichen Gruppen der Archosaurier leben heute nur noch die Krokodile. Zu den ältesten Vertretern gehören die Proterosuchiden. Einige davon waren krokodilartige Raubtiere. Später traten die Crurotarsier, wie der Ornithosuchus, und die Phytosaurier auf. Aetosaurier, wie der Desmatosuchus, waren die ersten Pflanzen fressenden Archosaurier, die sich in weiten Teilen der Erde ausbreiteten.

Rutiodon

T Mitteltrias

Körperlänge: 3 m
Ordnung: Crurotarsi
Familie: Phytosauridae
Verbreitung: Europa (Deutschland, Schweiz); Nordamerika (z. B. Texas)

Proterosuchus

T Untertrias

Körperlänge: 2 m
Ordnung: Archosauria
Familie: Proterosuchidae
Verbreitung: Asien (China)

Proterosuchus

Dieser ursprüngliche Proterosuchide sah unserem heutigen Krokodil schon recht ähnlich und lebte wahrscheinlich auf die gleiche Weise. Er hatte einen schlanken Körper mit kurzen Beinen. Vielleicht jagte er säugetierähnliche Reptilien an Land und Fische im Wasser.

Rutiodon

Phytosaurier, wie der Rutiodon, lebten in Flüssen und Seen, wo sie Jagd auf Fische und andere Tiere machten. Ihr Körper war mit Knochenplatten gepanzert. Im langen Kiefer saßen scharfe Zähne. Die Phytosaurier sahen den heutigen Krokodilen sehr ähnlich. Allerdings saßen ihre Nasenlöcher auf einem knochigen Höcker bei den Augen und nicht an der Schnauzenspitze wie bei den Krokodilen.

Erythrosuchus

Zu seiner Zeit war dieser frühe Archosaurier eines der größten Landraubtiere der Erde. Er hatte einen großen Kopf und starke Kiefer mit scharfen Zähnen. Anders als beim kriechenden Proterosuchus, waren seine Beine für die Fortbewegung an Land gut geeignet.

Desmatosuchus

Trotz seines gefährlichen Aussehens war der Desmatosuchus ein Pflanzenfresser mit kleinen, blattförmigen Zähnen. Schwere Knochenplatten umgaben seinen massigen Körper und von seinen Schultern ragten zwei, bis 45 Zentimeter lange Stacheln zur Seite. Dieser Körperpanzer schützte den langsamen Desmatosuchus vor Raubtieren.

T Untertrias

Körperlänge: 4,50 m
Ordnung: Archosauria
Familie: Erythrosuchidae
Verbreitung: Afrika (Südafrika)

Erythrosuchus

Ornithosuchus

Der Ornithosuchus sah den Dinosauriern zum Verwechseln ähnlich. Die geraden Hinterbeine setzten unter dem Körper an, wahrscheinlich konnte er aufrecht auf zwei Beinen laufen. Allerdings hatte er andere Knöchelgelenke als die Dinosaurier.

T Obertrias

Körperlänge: 3 m
Ordnung: Crurotarsi
Familie: Ornithosuchidae
Verbreitung: Europa (Schottland)

T Obertrias

Körperlänge: 5 m
Ordnung: Crurotarsi
Familie: Stagonolepididae
Verbreitung: Nordamerika (Texas)

Marasuchus

Das Skelett dieses Reptils ähnelte bereits sehr einem Dinosaurierskelett. So waren seine Vorderbeine weniger als halb so lang wie die Hinterbeine. Der Marasuchus war leicht gebaut und konnte wahrscheinlich aufrecht auf zwei Beinen, aber auch auf allen vieren laufen. Er fraß Insekten und kleinere Reptilien.

T Mitteltrias

Körperlänge: 1,30 m
Ordnung: Ornithodira
Familie: Lagosuchidae
Verbreitung: Südamerika (Argentinien)

T Untertrias

Körperlänge: 50 cm
Ordnung: Archosauria
Familie: Euparkeriidae
Verbreitung: Afrika (Südafrika)

Euparkeria

Dieser kleine Archosaurier war schlank gebaut und trug einen leichten Panzer aus Knochenplatten auf Rücken und Schwanz. Wahrscheinlich konnte er sich auf die Hinterbeine stellen und bei Gefahr wegrennen. Sein langer Schwanz half ihm die Balance zu halten. Er war ein Fleischfresser und hatte lange, scharfe Zähne.

Krokodile

Die ersten Krokodile tauchten vor rund 220 Millionen Jahren in der Trias auf. Sie sind die einzigen Archosaurier (siehe Seite 30–31), die es heute noch gibt. Die ältesten Vertreter dieser Gruppe, wie der Terrestrisuchus, waren leicht gebaute, langbeinige Tiere, die wahrscheinlich von Insekten lebten. Im Jura erschienen dann die Krokodile, die ihren heutigen Nachkommen schon sehr ähnlich sahen. Manche waren Landtiere, andere, wie die heutigen Krokodile, lebten an Land und im Wasser. Ein paar Familien, wie die Metriorhynchiden, waren an ein Leben im Meer angepasst. Allen Krokodilen gemeinsam war der lange, schmale Schädel mit weit hinten ansetzenden Kaumuskeln. So konnten sie das Maul weit öffnen und große Beutetiere packen.

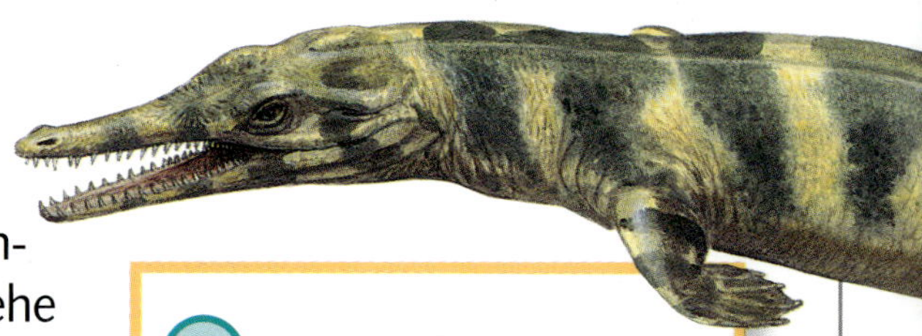

J Mittel- bis Oberjura

Körperlänge: 3 m
Ordnung: Crocodylia
Familie: Metriorhynchidae
Verbreitung: Europa (England, Frankreich); Südamerika (Chile)

Metriorhynchus

Dieses Krokodil war gut an ein Leben im Meer angepasst. Es hatte paddelartige Flossen und der Schwanz trug eine große, fischartige Schwimmflosse. Anders als bei heutigen Krokodilen war der Körper des Metriorhynchus jedoch nicht durch Knochenplatten geschützt. Vielleicht wäre dadurch sein Körper im Wasser zu schwer geworden.

Protosuchus

J Unterjura

Körperlänge: 90 cm
Ordnung: Crocodylia
Familie: Protosuchidae
Verbreitung: Nordamerika (Arizona)

Protosuchus

Fossilien von Protosuchus wurden in den gleichen Schichten gefunden, in denen auch Überreste von Dinosauriern vorkamen. Deshalb nimmt man an, dass er ein landlebendes Krokodil war und andere Landtiere jagte. Wie die heutigen Krokodile hatte der Protosuchus zwei verlängerte Zähne im Unterkiefer. Wenn er sein Maul schloss, passten die Zähne genau in eine Lücke im Oberkiefer.

Deinosuchus

Von Deinosuchus hat man nur einen Schädel gefunden. Dieser war 2 Meter lang und der Deinosuchus daher wahrscheinlich das größte Krokodil aller Zeiten. Vielleicht hat er so wie die heutigen Krokodile gelebt. Manche Forscher glauben jedoch, er hätte längere Beine gehabt, nur auf dem Land gelebt und nach Dinosauriern gejagt.

Kr Oberkreide

Körperlänge: 15 m
Ordnung: Crocodylia
Familie: Alligatoridae
Verbreitung: Nordamerika (Texas)

Metriorhynchus

Terrestrisuchus

Der Terrestrisuchus ist ein früher Vertreter der Krokodile. Er hatte einen leichten Körperbau, lange Hinterbeine und konnte vielleicht sogar aufrecht gehen. Obwohl er nicht wie ein Krokodil aussah, besaß er viele Körpermerkmale dieser Gruppe wie zum Beispiel den Knochenbau des Schädels und der Vorderbeine.

T Obertrias

Körperlänge: 50 cm
Ordnung: Crocodylia
Familie: Saltoposuchidae
Verbreitung: Europa (Wales)

Terrestrisuchus

Bernissartia

Wahrscheinlich lebte dieses kleine Krokodil im Wasser und an Land. In seinem Kiefer trug es zwei Arten von Zähnen: Mit den langen, spitzen Zähnen im Vorderkiefer fing es Fische und mit den breiteren, flacheren Zähnen im hinteren Kiefer konnte es Muscheltiere oder die Knochen toter Tiere zermahlen.

Bernissartia

Kr Unterkreide

Körperlänge: 60 cm
Ordnung: Crocodylia
Familie: Bernissartiidae
Verbreitung: Europa (Belgien, England)

Deinosuchus

Teleosaurus

Das Meereskrokodil Teleosaurus hatte lange, schmale Kiefer mit zahlreichen scharfen Zähnen. Bei geschlossenem Maul griffen die Zähne von Ober- und Unterkiefer ineinander und bildeten so die perfekte Falle für schlüpfrige Fische und Tintenfische. Beim Schwimmen bewegte es wahrscheinlich den langen, schlanken Körper und Schwanz seitlich hin und her und legte die Beine an den Körper an.

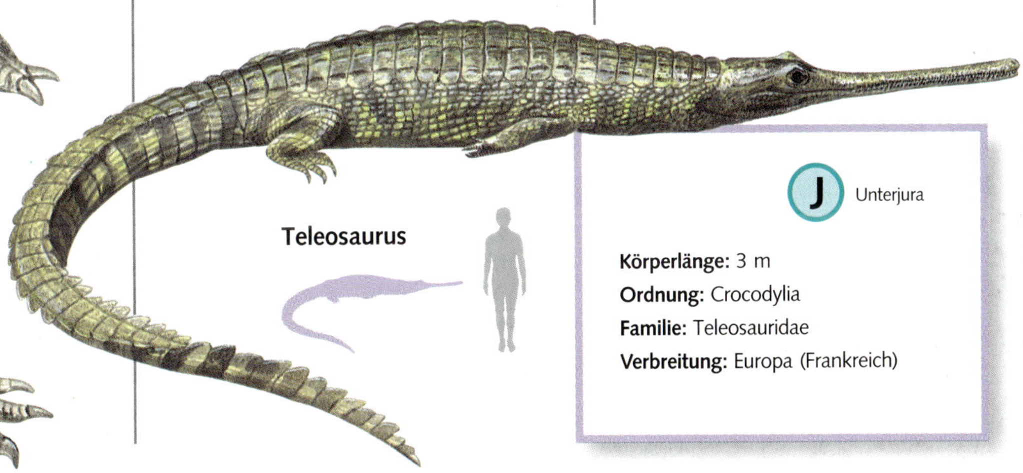

Teleosaurus

J Unterjura

Körperlänge: 3 m
Ordnung: Crocodylia
Familie: Teleosauridae
Verbreitung: Europa (Frankreich)

Flugsaurier

Die Pterosaurier waren die ersten Wirbeltiere, die fliegen konnten. Wirbeltiere nennt man Tiere mit einer Wirbelsäule. Pterosaurier traten in der Obertrias auf und starben zusammen mit den Dinosauriern am Ende der Kreidezeit aus. Bisher hat man mehr als 120 Arten entdeckt. Allen gemeinsam war der Hautflügel. Mit dem stark verlängerten vierten Finger der Hand spannte der Pterosaurier den Hautflügel auf. Die ältesten uns bekannten Pterosaurier waren die Rhamphorhynchiden. Sie hatten einen langen Schwanz und einen kurzen Hals. Später tauchten die Pterodactyliden auf. Sie waren viel größer und hatten einen kurzen Schwanz und einen langen Hals.

J Oberjura

Flügelspannweite: 1 m
Ordnung: Pterosauria
Familie: Rhamphorhynchidae
Verbreitung: Europa (Deutschland); Afrika (Tansania)

Rhamphorhynchus

Eudimorphodon

Dieser Rhamphorhynchide gehört zu den ältesten uns bekannten Pterosauriern. Er hatte einen langen, knochigen Schwanz, der etwa die Hälfte seiner Gesamtlänge ausmachte. Wie viele andere Pterosaurier besaß er ein rautenförmig verbreitertes Schwanzende. Damit konnte er wahrscheinlich in der Luft wie mit einem Ruder steuern.

T Obertrias

Flügelspannweite: 75 cm
Ordnung: Pterosauria
Familie: Dimorphodontidae
Verbreitung: Europa (Italien)

Eudimorphodon

Scaphognathus

Bei einem Fossil dieser Tierart hat sich der Gehirnschädel erhalten. Daher weiß man, dass dieser Pterosaurier ein viel größeres Gehirn hatte als andere Reptilien seiner Größe. Die einzelnen Gehirnteile sind unterschiedlich groß. Daraus kann man schließen, dass dieser Pterosaurier hervorragend sehen, aber nur schlecht riechen konnte.

J Oberjura

Flügelspannweite: 1 m
Ordnung: Pterosauria
Familie: Rhamphorhynchidae
Verbreitung: Europa (England)

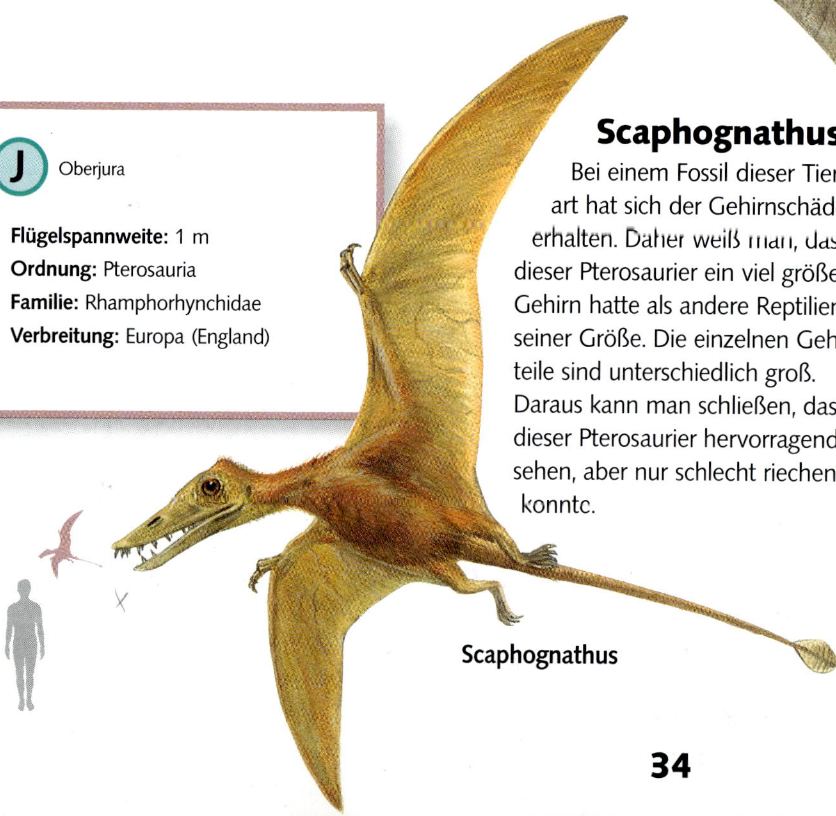

Scaphognathus

Quetzalcoatlus

Obwohl man von ihm nur einige Flügelknochen gefunden hat, nimmt man an, dass dieser Pterodactylide das größte fliegende Tier aller Zeiten gewesen ist. Man fand seine versteinerten Reste in einem Teil von Texas, in dem sich früher ein Feuchtgebiet erstreckte. Vielleicht watete der Quetzalcoatlus wie ein Reiher durch den Sumpf und schnappte nach Fischen.

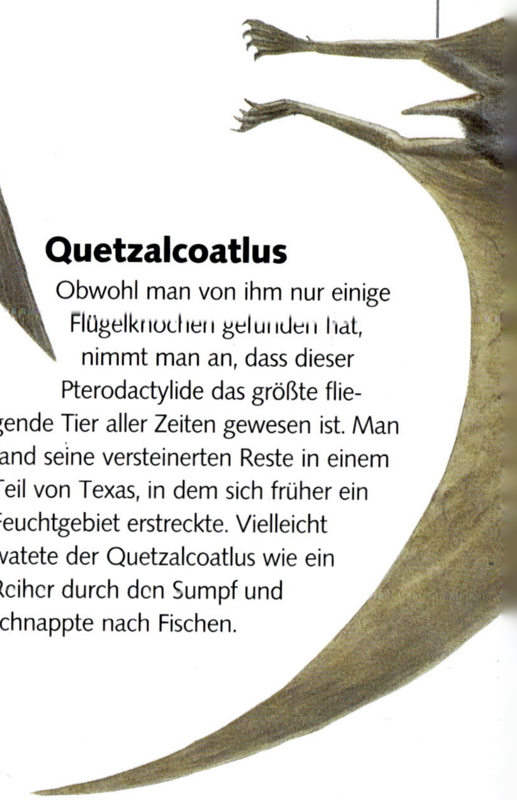

Rhamphorhynchus

Im Kalkgestein von Solnhofen – nordwestlich von Ingolstadt – fand man Fossilien des Rhamphorhynchus, in denen sich sogar die feinen Strukturen seiner Flügel erhalten hatten. Fasern, die sich von vorn nach hinten durch die Flügel zogen, sorgten für zusätzliche Stabilität. Dieser Pterosaurier hatte lange Kiefer mit scharfen Zähnen und ernährte sich wahrscheinlich von Fischen.

Dimorphodon

Dieser Pterosaurier hatte einen ungewöhnlich großen Kopf, ähnlich wie die heutigen Papageitaucher. In seinem Maul saßen vorn spitze und weiter hinten kleinere Zähne. Damit konnte der Flugsaurier vielleicht Insekten aus der Luft oder am Boden fangen.

J Unterjura

Flügelspannweite: 75 cm
Ordnung: Pterosauria
Familie: Dimorphodontidae
Verbreitung: Europa (England)

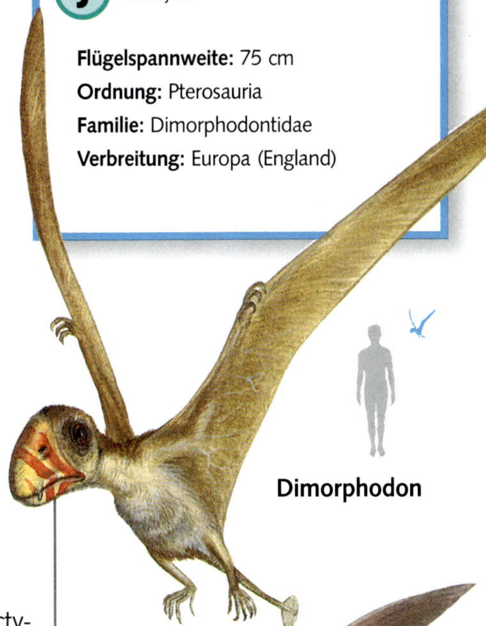

Dimorphodon

Pterodactylus

Wie viele andere Pterosaurier auch, ernährte sich der Pterodactylus wahrscheinlich von Fischen. Seine langen, schmalen Kiefer mit den scharfen Zähnen waren ideal dafür geeignet, die glitschige Beute fest zu halten. Mit kurzem Schwanz und langem Hals war er ein typischer Pterodactylide.

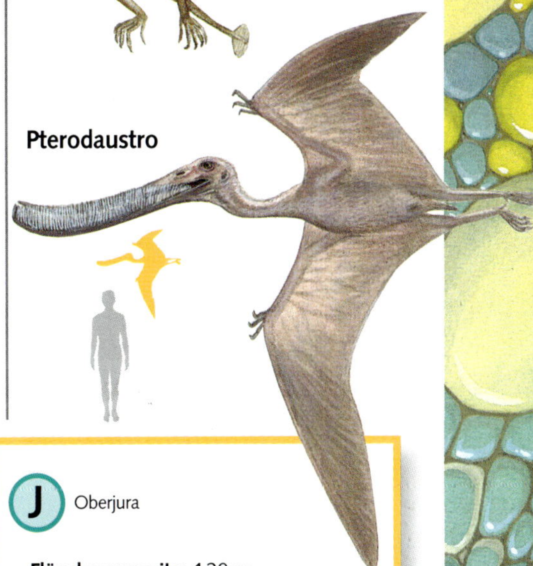

Pterodaustro

Pterodactylus

Quetzalcoatlus

J Oberjura

Flügelspannweite: 1,20 m
Ordnung: Pterosauria
Familie: Pterodaustridae
Verbreitung: Südamerika (Argentinien)

Pterodaustro

Der Pterodaustro hatte einen langen Kiefer, der sich vorn nach oben wölbte. Auf dem Unterkiefer saßen kleine Zähne und auch der Oberkiefer trug winzige Zähne. Wahrscheinlich siebte er die Nahrung – kleine Wassertiere – mit Hilfe seiner Zähne aus dem Wasser.

Kr Oberkreide

Flügelspannweite: 12 m
Ordnung: Pterosauria
Familie: Azhdarchidae
Verbreitung: Nordamerika (Texas)

J Oberjura

Flügelspannweite: 75 cm
Ordnung: Pterosauria
Familie: Pterodactylidae
Verbreitung: Europa (Deutschland, England, Frankreich); Afrika (Tansania)

Flugsaurier

Die Flugsaurier (Pterosaurier) lebten zur gleichen Zeit wie die Dinosaurier und hatten wahrscheinlich dieselben Vorfahren. Die Forscher nehmen an, dass diese Reptilien geschickt, aber langsam flogen. Sie segelten nicht nur durch die Luft, sondern konnten, wie die Vögel, ihre Flügel auf und nieder schlagen. Möglicherweise waren sie aber nicht in der Lage vom Boden aus zu starten, sondern mussten vorher auf einen Ast oder Felsen klettern, um abheben zu können. Die Pterosaurier nahmen je nach Art unterschiedliche Nahrung zu sich. Tiere mit langen Schädeln und spitzen Zähnen jagten wahrscheinlich Fische. Andere fingen Insekten oder fraßen Pflanzen. Der Tapejara hatte zum Beispiel eine lange Schnauze, mit der er gut Früchte pflücken konnte.

Dieser Flugsaurier, der Pterodactylus, lebte während des Jura in Europa. An diesem gut erhaltenen Fossil kann man den Körperbau, den schlanken Kiefer und die besonders langen Finger erkennen, mit denen er die Flügel aufspannte.

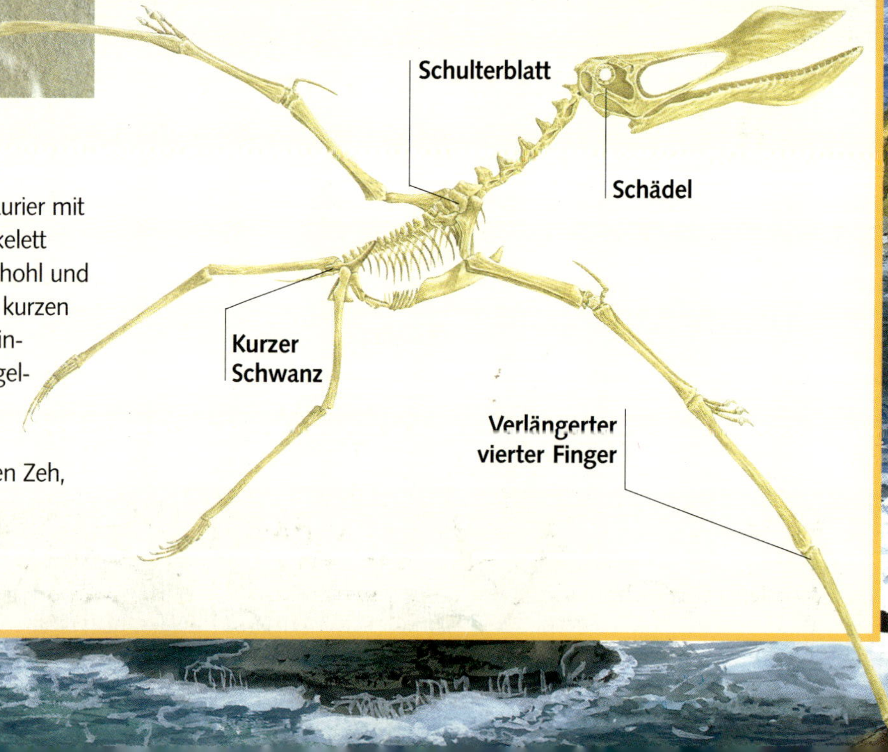

Skelett eines Flugsauriers

Um fliegen zu können, waren die Pterosaurier mit einem außerordentlich leicht gebauten Skelett ausgestattet. Viele Knochen waren sogar hohl und dadurch besonders leicht. Die ersten drei kurzen Finger trugen scharfe Krallen, der vierte Finger war sehr lang. Mit ihm wurde die Flügelhaut aufgespannt, die seitlich am Hinterleib saß. Jeder Fuß hatte fünf Zehen, vier lange mit Krallen und einen kurzen fünften Zeh, der keine Kralle trug.

Flugsaurier der Kreide

So könnte es vor 100 Millionen Jahren ausgesehen haben, als die Pterosaurier über die Meere flogen und Ausschau nach Fischen hielten. Der Tapejara, ein Flugsaurier mit riesigem Kamm auf dem Oberkiefer, fliegt ans Ufer. Auf den Felsen klettert der Tropeognathus auf allen vieren herum. Dabei setzt er die Füße und die Krallen an den Flügelknochen ein.

Wahrscheinlich ernährte sich der Anhanguera, ein Flugsaurier aus der Oberkreide, von Fischen. Er flog dicht über der Wasseroberfläche, packte seine Beute und flog zu einem Fressplatz. Sein langer, schlanker Kiefer mit den spitzen Zähnen war ideal dafür geeignet, glitschige Fische fest zu halten.

Dinosaurier

Die ersten Dinosaurier lebten vor etwa 225 Millionen Jahren in der Trias. Während des Jura und der Kreide entstanden zahlreiche neue Arten. Die Dinosaurier breiteten sich immer weiter aus, bis sie schließlich vor rund 65 Millionen Jahren, am Ende der Kreide, auf rätselhafte Weise verschwanden.

Genau wie die Tiere unserer Zeit mussten die Dinosaurier nach Nahrung suchen, sich gegen Feinde verteidigen und sich um ihre Jungen kümmern. Obwohl kein Mensch jemals einen lebenden Dinosaurier gesehen hat, wissen wir durch ihre Fossilien und andere Spuren eine Menge darüber, wie sie aussahen und wie sie sich verhielten. Die Knochen verraten uns ihre Körperform und ihre Größe, die Zähne liefern Hinweise darauf, was sie fraßen und aus den fossilen Fußabdrücken lässt sich ablesen, wie schnell sie liefen.

Mit den riesigen, dolchartigen Zähnen in seinem kräftigen Kiefer wird der Allosaurus Furcht erregend ausgesehen haben, wenn er auf der Jagd nach Pflanzen fressenden Dinosauriern war. Er lebte im Jura. Seine fossilen Überreste fand man im Westen von Nordamerika.

Corythosaurus

Wie lebten die Dinosaurier?

Die Dinosaurier gehören zu den Reptilien. Sie hatten ein Knochenskelett und dicke, ledrige Haut. Bis heute hat man mehr als 500 Dinosaurierarten gefunden und vielleicht warten noch viel mehr Arten auf ihre Entdeckung. Es gab kleine Dinosaurier mit nur 1 Meter Körperlänge, aber auch Riesen, die über 30 Meter lang werden konnten. Alle Dinosaurier lebten an Land und legten wahrscheinlich Eier. Man unterscheidet zwei Gruppen von Dinosauriern, deren Beckenknochen unterschiedlich geformt waren: Alle Vogelbeckensaurier (Ornithischia) waren Pflanzenfresser. Unter den Echsenbeckensauriern (Saurischia) gab es sowohl gefährliche Fleisch fressende Raubtiere als auch Pflanzenfresser.

Echse

Die Fortbewegung

Da die Beine der meisten frühen Reptilien zur Seite gerichtet waren, liefen die frühen Reptilien so ähnlich wie die heutigen Eidechsen. Die Dinosaurier konnten sich viel besser bewegen, denn ihre Beine wiesen gerade nach unten. Dadurch waren sie in der Lage ein höheres Körpergewicht zu tragen und sie konnten längere, schnellere Schritte machen.

Dinosaurier

Im Royal Tyrrell Museum in Drumheller (Kanada) hat man diese dramatische Begegnung zwischen dem Fleisch fressenden Albertosaurus und dem Pflanzen fressenden, gehörnten Dinosaurier Centrosaurus nachgestellt.

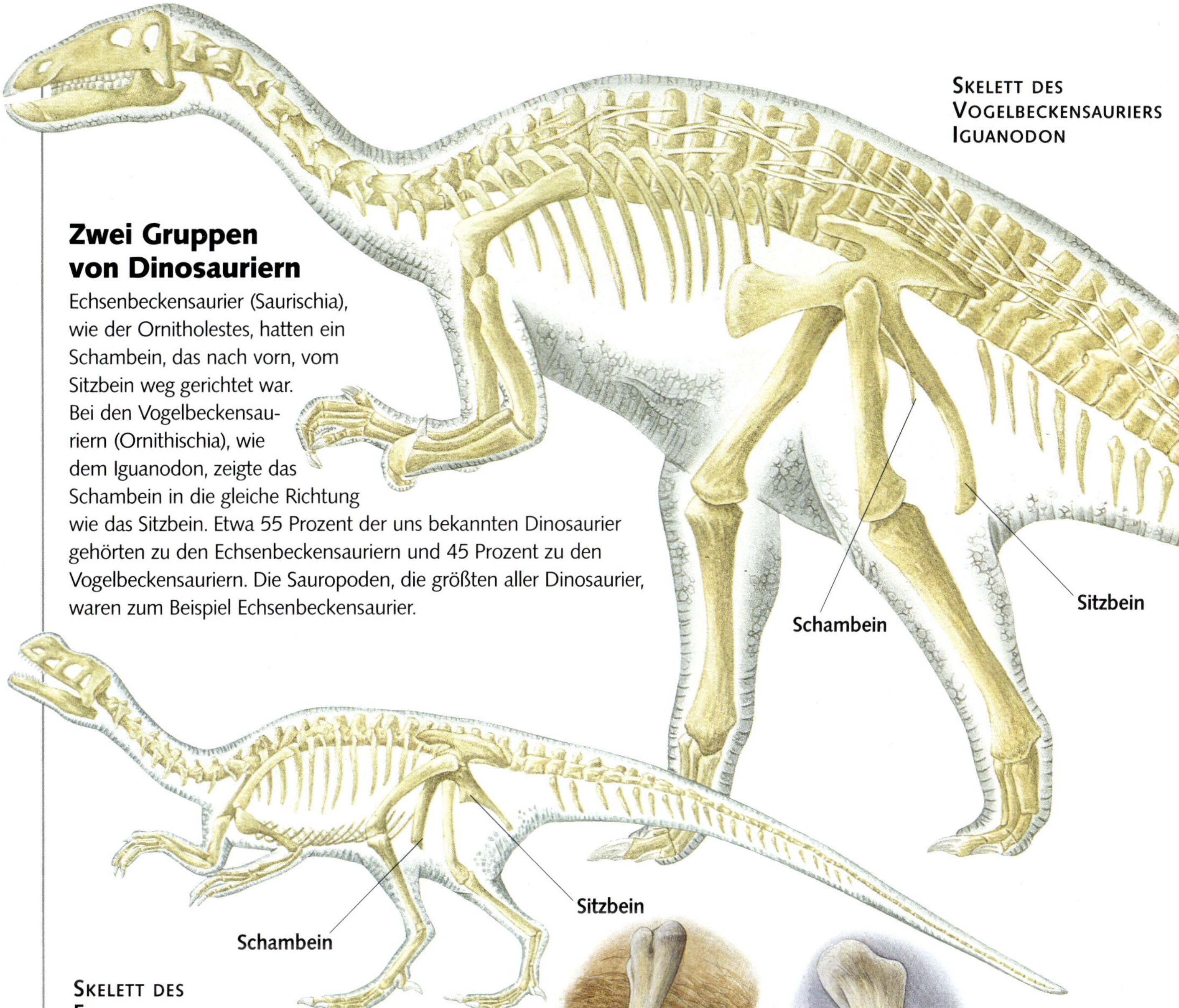

Zwei Gruppen von Dinosauriern

Echsenbeckensaurier (Saurischia), wie der Ornitholestes, hatten ein Schambein, das nach vorn, vom Sitzbein weg gerichtet war. Bei den Vogelbeckensauriern (Ornithischia), wie dem Iguanodon, zeigte das Schambein in die gleiche Richtung wie das Sitzbein. Etwa 55 Prozent der uns bekannten Dinosaurier gehörten zu den Echsenbeckensauriern und 45 Prozent zu den Vogelbeckensauriern. Die Sauropoden, die größten aller Dinosaurier, waren zum Beispiel Echsenbeckensaurier.

Die Beine der Dinosaurier

Schlanke, vogelähnliche Dinosaurier, wie der Gallimimus, hatten lange Ober- und Unterschenkelknochen. Auch die Fußwurzel- und Fußknochen waren lang und schlank. Ihre Oberschenkelmuskeln waren kräftig. Wahrscheinlich konnten diese Dinosaurier bis zu 64 Kilometer pro Stunde schnell rennen. Die Beine der Echsenbeckensaurier, wie des Camarasaurus, sahen völlig anders aus mit schweren Knochen und gespreizten Füßen. Während die Echsenbeckensaurier auf allen vieren umherstapften, rannte der Gallimimus auf seinen beiden schlanken Hinterbeinen.

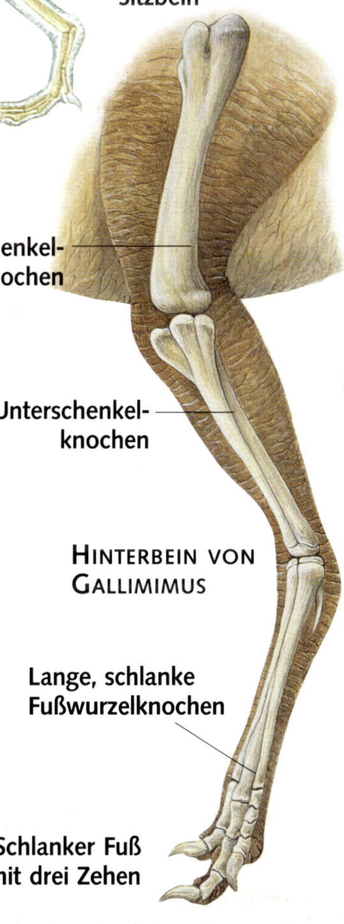

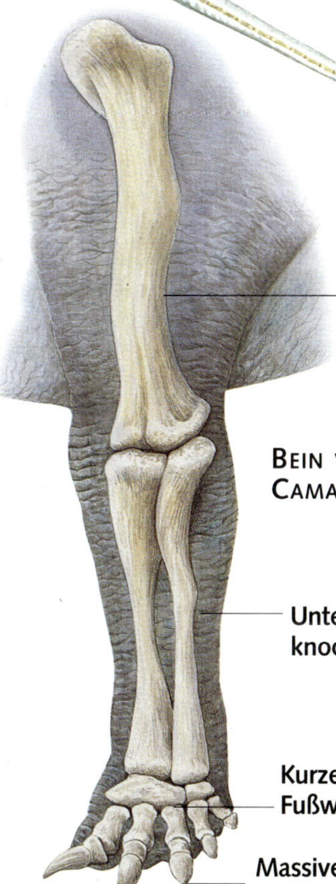

Stammbaum der Dinosaurier

Im Jahr 1842 gab der Wissenschaftler Richard Owen der ganzen Gruppe den Namen „Dinosaurier". Er bedeutet „Schreckensechsen". Seit dieser Zeit hat man zahlreiche neue Arten gefunden und viele neue Entdeckungen gemacht. Damit wuchs auch unser Wissen über die verwandtschaftlichen Beziehungen zwischen den einzelnen Dinosauriergruppen. Der hier gezeigte Stammbaum der Dinosaurier enthält alle uns bekannten Formen und wird von den meisten Forschern anerkannt. Er zeigt auch die enge Verwandtschaft zwischen den Dinosauriern und den Vögeln (Aves).

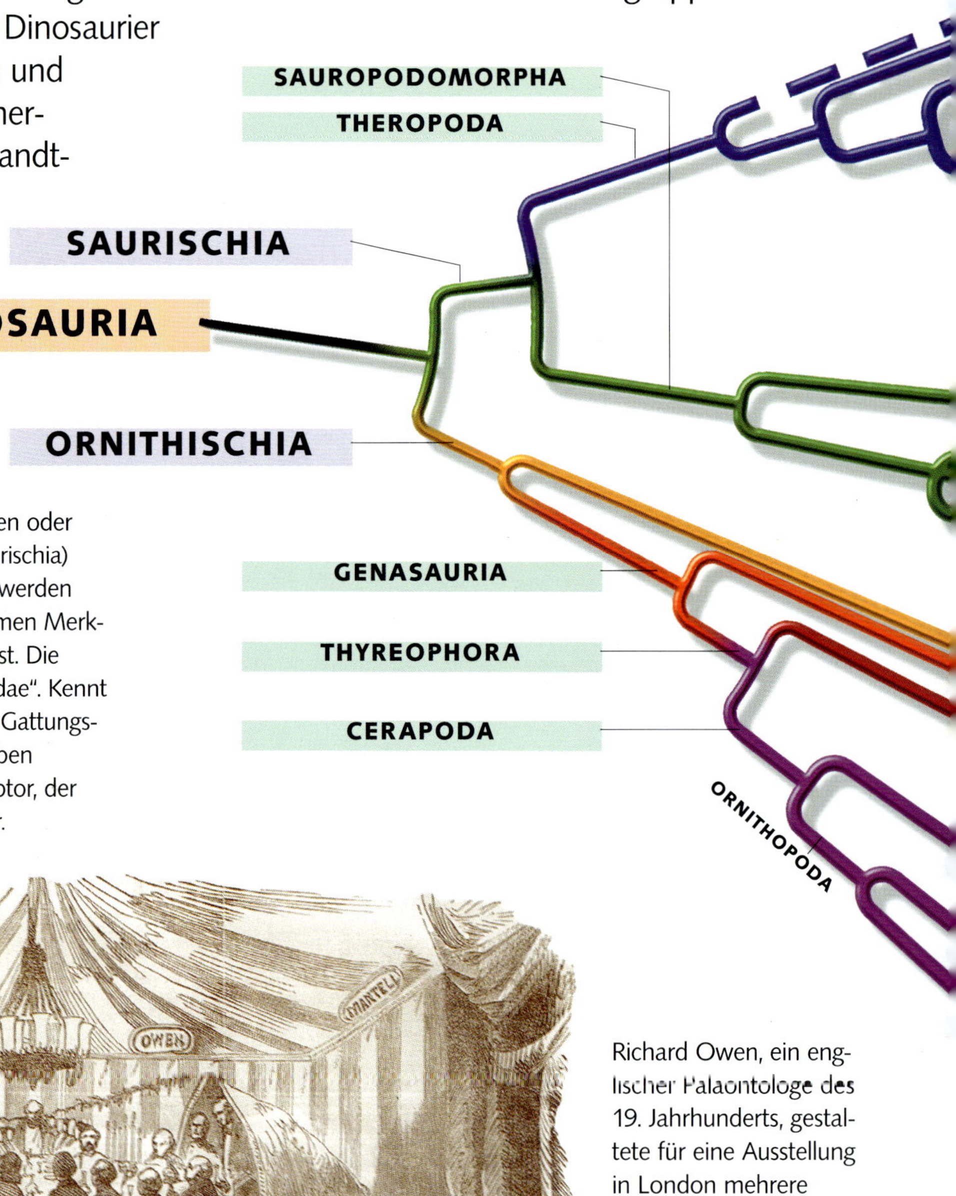

Die Einteilung der Dinosaurier

Alle Dinosaurier gehören einer von zwei Gruppen oder Ordnungen an: den Echsenbeckensauriern (Saurischia) oder Vogelbeckensauriern (Ornithischia). Diese werden weiter untergliedert. Arten mit vielen gemeinsamen Merkmalen werden zu einer Familie zusammengefasst. Die Familiennamen erkennt man an der Endung „-idae". Kennt man nur einen Vertreter einer Familie, wird der Gattungsname genannt, der ganz rechts in Großbuchstaben gedruckt ist. Die gestrichelte Linie führt zu Eoraptor, der vielleicht der erste Vertreter der Dinosaurier war.

Richard Owen, ein englischer Paläontologe des 19. Jahrhunderts, gestaltete für eine Ausstellung in London mehrere lebensgroße Modelle von Dinosauriern. Zu seinen Ehren fand 1853 ein Essen in einem halb fertigen Modell eines Iguanodon statt.

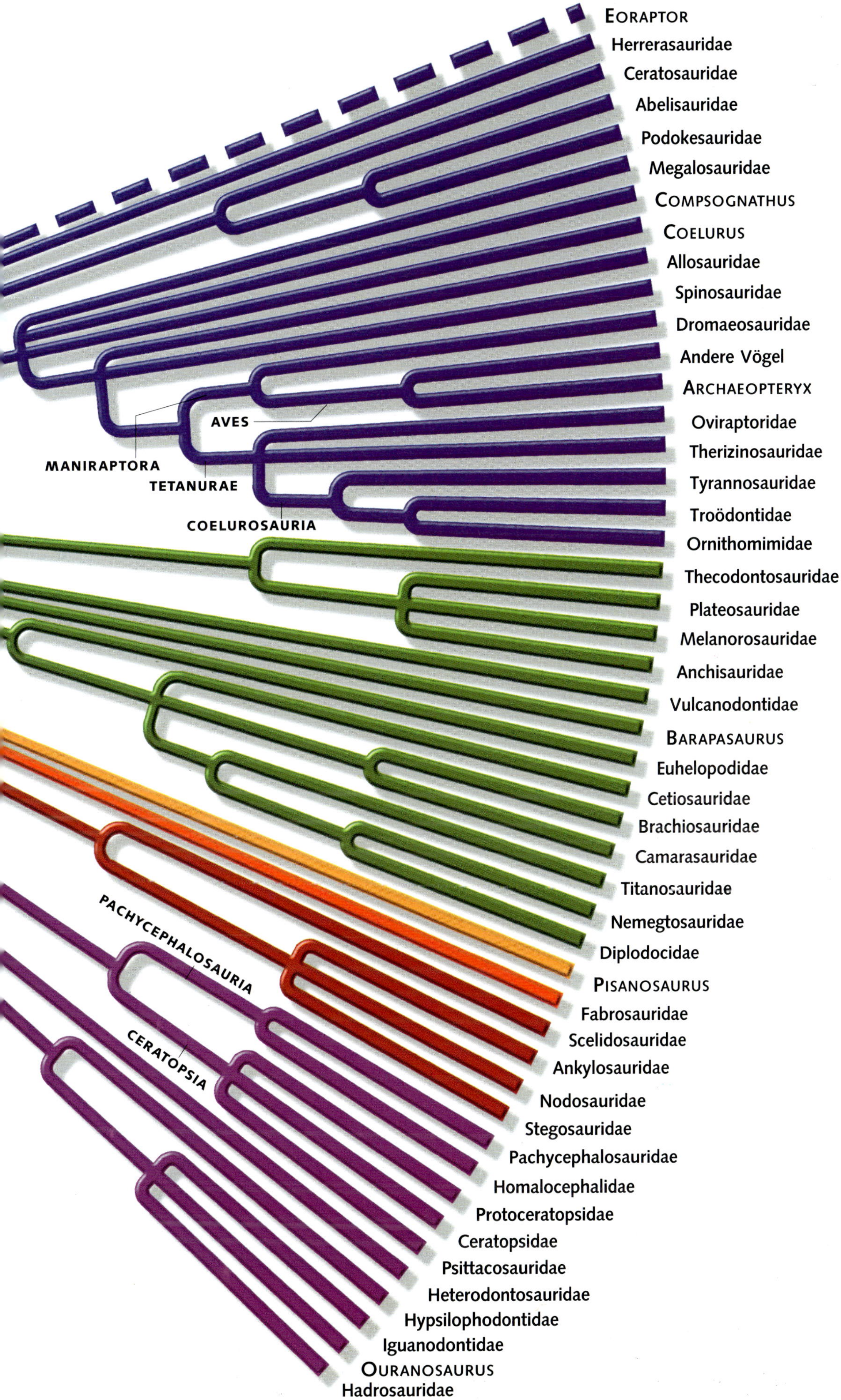
EORAPTOR
Herrerasauridae
Ceratosauridae
Abelisauridae
Podokesauridae
Megalosauridae
COMPSOGNATHUS
COELURUS
Allosauridae
Spinosauridae
Dromaeosauridae
Andere Vögel
ARCHAEOPTERYX
AVES
MANIRAPTORA
TETANURAE
COELUROSAURIA
Oviraptoridae
Therizinosauridae
Tyrannosauridae
Troödontidae
Ornithomimidae
Thecodontosauridae
Plateosauridae
Melanorosauridae
Anchisauridae
Vulcanodontidae
BARAPASAURUS
Euhelopodidae
Cetiosauridae
Brachiosauridae
Camarasauridae
Titanosauridae
Nemegtosauridae
Diplodocidae
PISANOSAURUS
Fabrosauridae
Scelidosauridae
Ankylosauridae
Nodosauridae
Stegosauridae
PACHYCEPHALOSAURIA
CERATOPSIA
Pachycephalosauridae
Homalocephalidae
Protoceratopsidae
Ceratopsidae
Psittacosauridae
Heterodontosauridae
Hypsilophodontidae
Iguanodontidae
OURANOSAURUS
Hadrosauridae

Ceratosaurier

Ceratosaurier waren Fleisch fressende Dinosaurier. Ihre Größe reichte von dem winzigen Compsognathus bis zu großen Raubtieren, wie dem Carnotaurus. Der älteste dieser Gruppe ist der Coelophysis aus der Obertrias. Alle Ceratosaurier gingen aufrecht auf den Hinterbeinen und hatten kurze Arme. Einige Ceratosaurier trugen auf dem Kopf merkwürdig geformte Kämme oder Hörner. Deshalb nennt man sie auch Hornsaurier. Vermutlich wurden die Hörner nicht zum Kämpfen eingesetzt, sondern sollten während der Paarungszeit einen Partner anlocken.

Herrerasaurus

T Obertrias

Körperlänge: 3 m
Ordnung: Saurischia
Familie: Herrerasauridae
Verbreitung: Südamerika (Argentinien)

Eoraptor

T Obertrias

Körperlänge: 1 m
Ordnung: Therapoda
Familie: Eoraptoridae
Verbreitung: Südamerika (Argentinien)

Ceratosaurus

Der Ceratosaurus hatte einen kräftigen Kiefer mit scharfen, gebogenen Zähnen. Deshalb war er sicher ein gefürchtetes Raubtier. An jeder Hand setzten vier kräftige Finger mit Krallen an. Auch die drei Zehen an jedem Fuß trugen Krallen. Über seinen Rücken und den Schwanz zog sich eine Reihe von Knochenplatten hin und auf der Schnauze hatte er ein kleines Horn. Da das Horn für die Verteidigung zu klein war, diente es wahrscheinlich dazu, in der Paarungszeit einen Partner anzulocken.

Herrerasaurus

Der Herrerasaurus gehört zu den ältesten uns bekannten Dinosauriern. Er hatte einen schlanken Körper mit einem langen, schmalen Kopf. Wahrscheinlich lief er auf den Hinterbeinen, die doppelt so lang wie seine Arme waren. Er hatte kräftige Finger mit großen, gebogenen Krallen, um Beutetiere zu packen. Weil sein Unterkiefer zusätzliche Gelenke besaß, konnte er auch größere Beutestücke verschlingen.

Eoraptor

Zusammen mit Herrerasaurus gehört der Eoraptor zu den ältesten uns bekannten Dinosauriern. Er war zwar auch ein Fleischfresser, aber kleiner und leichter gebaut als sein Verwandter. Mit seinen scharfen, leicht gezackten Zähnen konnte er Fleisch gut beißen. Ihm fehlte jedoch das zusätzliche Kiefergelenk des Herrerasaurus.

Ceratosaurus

J Oberjura

Körperlänge: 6 m
Ordnung: Saurischia
Familie: Ceratosauridae
Verbreitung: Nordamerika (Colorado, Wyoming)

J Unterjura

Körperlänge: 6 m
Ordnung: Saurischia
Familie: Ceratosauridae
Verbreitung: Nordamerika (Arizona)

Dilophosaurus

Dilophosaurus

Dieser Dinosaurier trug auf beiden Seiten des Kopfes halbkreisförmige Knochenkämme. Manche Wissenschaftler vermuten, dass die Männchen mit diesen Kämmen in der Paarungszeit Weibchen anlockten. Der Dilophosaurus hatte scharfe aber schmale Zähne, daher tötete er seine Beute wahrscheinlich mit den Klauen der Beine und Hände und nicht durch Zubeißen.

Compsognathus

Der Compsognathus war kaum größer als ein Hühnchen und gehört damit zu den kleinsten Dinosauriern. Sein Körperbau mit leichten Knochen, einem langen Schwanz und langen, schlanken Beinen war auf Schnelligkeit ausgelegt. Da man in einem versteinerten Skelett von Compsognathus die Überreste einer Eidechse fand, waren kleine Reptilien vermutlich seine wichtigste Beute.

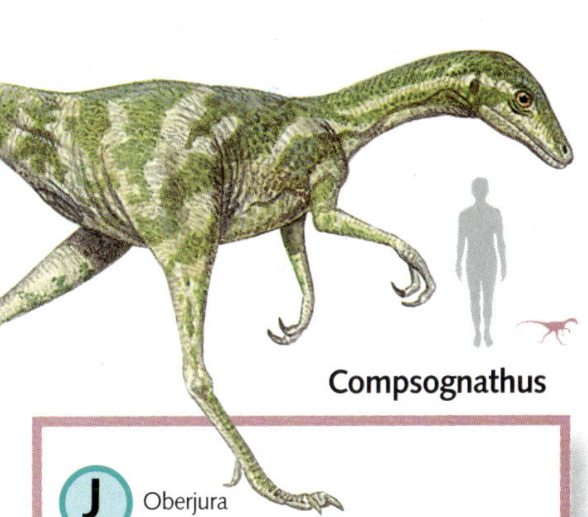

Compsognathus

J Oberjura

Körperlänge: 60 cm
Ordnung: Saurischia
Familie: Compsognathidae
Verbreitung: Europa (Deutschland, Frankreich)

Coelophysis

T Obertrias

Körperlänge: bis 3 m
Ordnung: Saurischia
Familie: Podokesauridae
Verbreitung: Nordamerika (Connecticut, New Mexico)

Coelophysis

Der Coelophysis konnte schnell laufen, denn er hatte einen leichten, schlanken Körper und lange, dünne Beine. Seine Beute packte er mit scharfen, gezackten Zähnen, die in einem schmalen Kiefer saßen. Überreste von mehr als 1000 Coelophysis in New Mexico weisen darauf hin, dass er in Herden lebte.

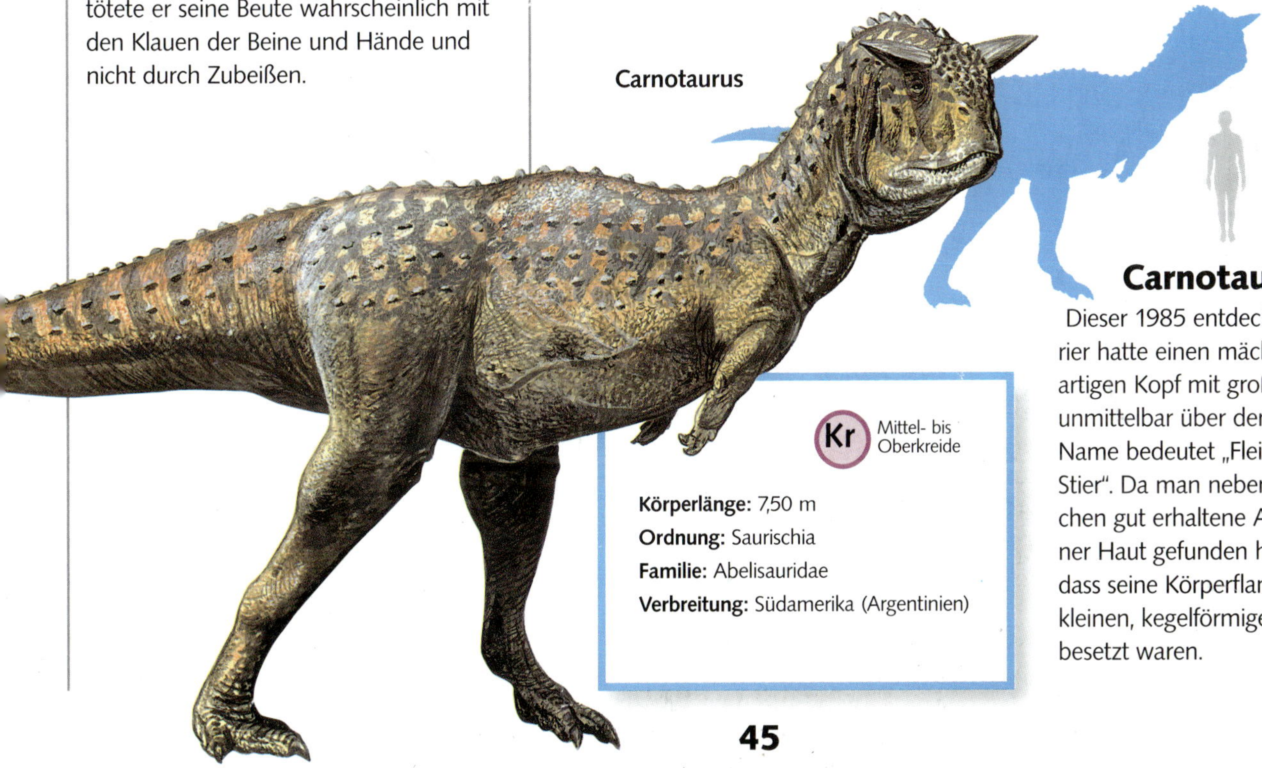

Carnotaurus

Kr Mittel- bis Oberkreide

Körperlänge: 7,50 m
Ordnung: Saurischia
Familie: Abelisauridae
Verbreitung: Südamerika (Argentinien)

Carnotaurus

Dieser 1985 entdeckte Dinosaurier hatte einen mächtigen, stierartigen Kopf mit großen Hörnern unmittelbar über den Augen. Sein Name bedeutet „Fleisch fressender Stier". Da man neben den Knochen gut erhaltene Abdrücke seiner Haut gefunden hat, weiß man, dass seine Körperflanken mit kleinen, kegelförmigen Stacheln besetzt waren.

Tetanuren

Die Tetanuren waren Fleisch fressende Dinosaurier, die im Jura und der Kreide lebten. Trotz ihres Aussehens waren sie nah mit den Vögeln verwandt. Zu dieser Gruppe gehörten die Allosaurier und Megalosaurier, aber auch einige erst kürzlich entdeckte Dinosaurier, wie der Giganotosaurus. Ihre Schädel waren groß, aber auf Grund mehrerer Schädelöffnungen nicht sehr schwer. Die Schwanzspitze war starr. Dafür sorgten spezielle, ineinander greifende Knochen auf den Schwanzwirbeln.

Allosaurus

Allosaurus

Der mächtige Allosaurus wog wahrscheinlich 1–2 Tonnen und wurde 4,50 Meter hoch. Diese gefürchteten Dinosaurier jagten vielleicht im Rudel, sodass sie auch größere Tiere, wie Sauropoden und Stegosaurier, zur Strecke bringen konnten.

J Oberjura

Körperlänge: bis 10 m
Ordnung: Saurischia
Familie: Allosauridae
Verbreitung: Asien (China)

Yangchuanosaurus

Yangchuanosaurus

Dieser Dinosaurier wurde 1978 in China entdeckt. Er war ein typischer Allosaurier mit mächtigem Kopf, kräftigen Kiefern und Zähnen mit gezackten Kanten. Sein langer Schwanz machte die Hälfte seiner Körperlänge aus. Mit ihm hielt er den schweren Körper beim Gehen im Gleichgewicht.

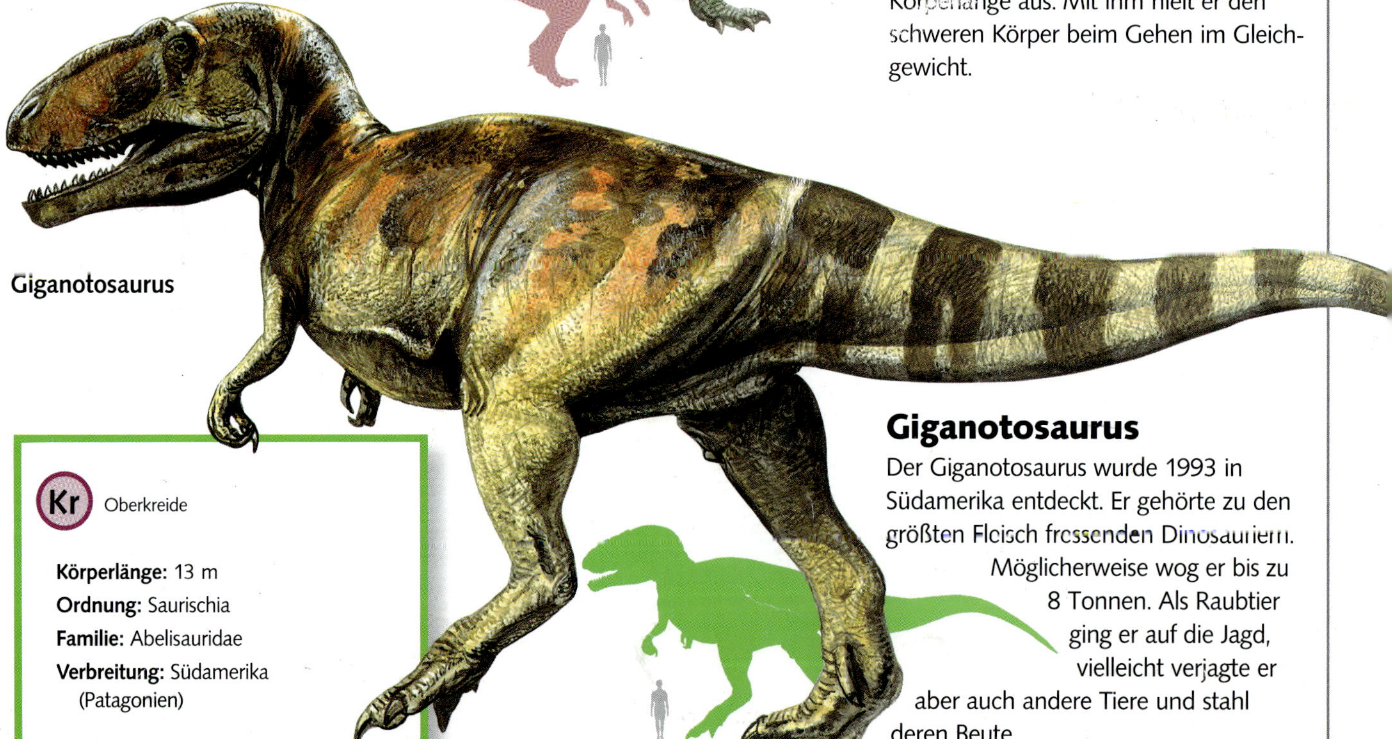

Giganotosaurus

Kr Oberkreide

Körperlänge: 13 m
Ordnung: Saurischia
Familie: Abelisauridae
Verbreitung: Südamerika (Patagonien)

Giganotosaurus

Der Giganotosaurus wurde 1993 in Südamerika entdeckt. Er gehörte zu den größten Fleisch fressenden Dinosauriern. Möglicherweise wog er bis zu 8 Tonnen. Als Raubtier ging er auf die Jagd, vielleicht verjagte er aber auch andere Tiere und stahl deren Beute.

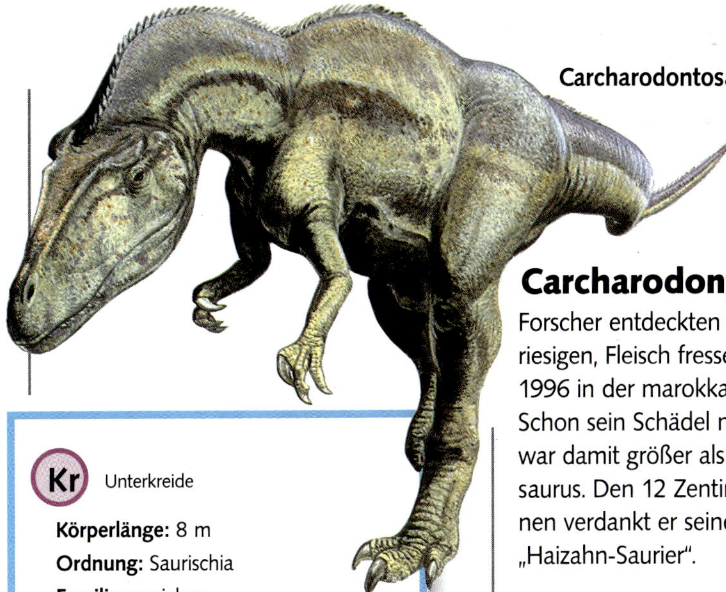

Carcharodontosaurus

Carcharodontosaurus

Forscher entdeckten dieses Fossil eines riesigen, Fleisch fressenden Dinosauriers 1996 in der marokkanischen Wüste. Schon sein Schädel maß 1,60 Meter und war damit größer als der des Tyrannosaurus. Den 12 Zentimeter langen Zähnen verdankt er seinen Namen: „Haizahn-Saurier".

J Oberjura Kr Unterkreide

Körperlänge: bis 12 m
Ordnung: Saurischia
Familie: Allosauridae
Verbreitung: Nordamerika (z. B. Colorado, Utah); Afrika (Tansania); Australien

Kr Unterkreide

Körperlänge: 8 m
Ordnung: Saurischia
Familie: unsicher
Verbreitung: Afrika

J Jura

Körperlänge: 9 m
Ordnung: Saurischia
Familie: Megalosauridae
Verbreitung: Europa (England, Frankreich); Afrika (Marokko)

Megalosaurus

Dieser Dinosaurier erhielt 1824 als erster Saurier einen wissenschaftlichen Namen. Er war ein typischer Fleischfresser mit großem Kopf, kräftigen Kiefern und gebogenen, gezackten Zähnen.

Mit seinen starken, Krallen tragenden Fingern und Zehen konnte er Pflanzen fressende Dinosaurier erbeuten.

Megalosaurus

Cryolophosaurus

Dieser große Fleischfresser wurde 1994 in der Antarktis entdeckt. Auf seinem Schädel saß ein einzigartiger Kamm und an jeder Seite zwei Hörner. Da der Kamm für eine Waffe zu dünn war, nehmen die Forscher an, dass er mit ihm während der Paarungszeit Weibchen anlockte.

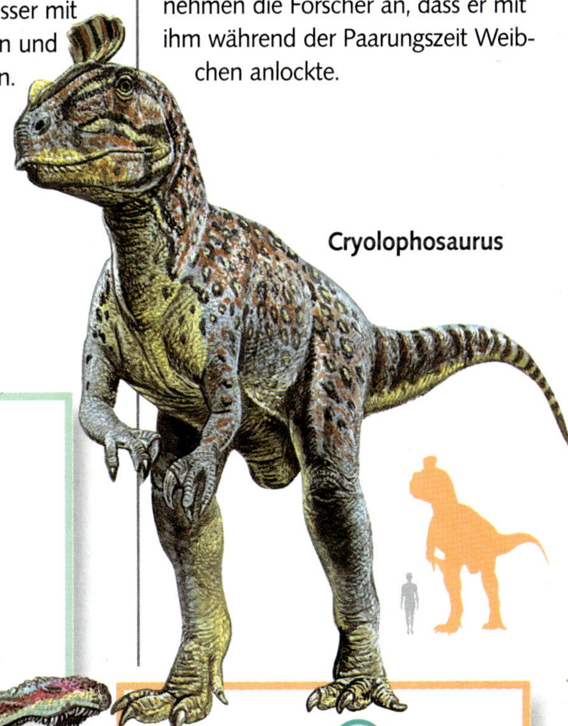

Cryolophosaurus

J Unterjura

Körperlänge: 7–8 m
Ordnung: Saurischia
Familie: unsicher
Verbreitung: Antarktis

Suchomimus

1998 entdeckte man die Fossilien dieses Dinosauriers in der Sahara. Er gehört zu einer Gruppe Fische fressender Dinosaurier. Er hatte eine lange, krokodilartig schmale Schnauze und Daumenkrallen von 30 Zentimeter Länge.

Kr Unterkreide

Körperlänge: 10 m
Ordnung: Saurischia
Familie: unsicher
Verbreitung: Afrika (Niger)

Suchomimus

Jura

Während der Jurazeit, die vor 208 Millionen Jahren begann, wurde das Klima feuchter. Pflanzen, wie Farne, Nadelbäume und Ginkgos bedeckten weite Teile der Erde. Neue Arten von Dinosauriern entstanden, die sich von dem üppigen Pflanzenwuchs ernährten. Dazu gehörten die Sauropoden, wahrscheinlich die größten Tiere, die jemals auf der Erde lebten. Sie fraßen täglich mehr als eine Tonne Pflanzen. Da es genügend Beutetiere gab, konnten sich auch viele Fleischfresser entwickeln. Fliegende Insekten und Flugsaurier, aber auch die ersten Vögel erhoben sich in die Lüfte.

Die Erde zur Jurazeit

Im Jura brach der Superkontinent Pangäa in zwei Teile. Im Norden entstand Laurasia, im Süden Gondwana. Das Klima war überall auf der Erde noch warm, aber die Regenfälle nahmen zu.

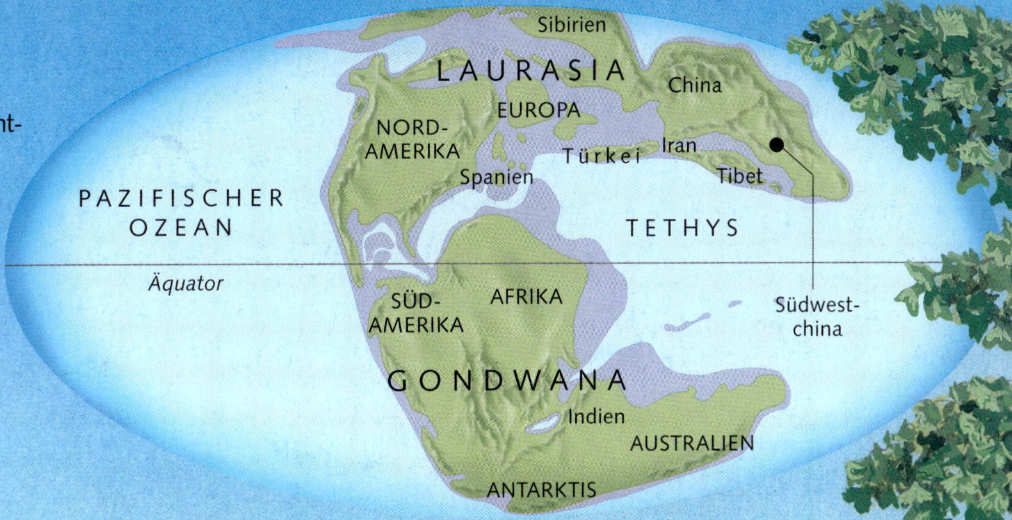

China zur Mitte der Jurazeit

So könnte es zur mittleren Jurazeit im heutigen Südwesten von China gewesen sein. Der Stegosaurier Huayangosaurus weicht ängstlich zurück, als sich Raubsaurier (Gasosaurier) nähern. Auch der Sauropode Shunosaurus frisst nicht mehr an den Baumfarnen und blickt sich um. Trotz seiner Größe könnte ihm eine Gruppe dieser Raubtiere mit ihren scharfen Zähnen gefährlich werden.

Verwandte der Vögel

Zu dieser Gruppe, den Maniraptora, gehören mehrere vogelartige Dinosaurier, wie die Dromaeosaurier und die Troödontiden, aber auch die Vorfahren der heutigen Vögel. Alle Tiere dieser Gruppe besaßen ein spezielles Gelenk, mit dem sie ihre Vorderglieder an den Körper anlegen konnten. Diese Dinosaurier waren wahrscheinlich schnelle, auf zwei Beinen laufende Jäger. Der Archaeopteryx, der älteste Vogelvorfahr, lebte vor 150 Millionen Jahren und hatte sowohl Merkmale der Reptilien als auch der heutigen Vögel. Er besaß schon Flügel und Federn, aber auch einen bezahnten Kiefer und einen langen, knochigen Schwanz.

Stenonychosaurus

Im Verhältnis zu seiner Körpergröße hatte der Stenonychosaurus das größte Gehirn aller Dinosaurier. Außerdem besaß er Augen mit einem Durchmesser von 5 Zentimeter. Wahrscheinlich jagte dieses schlanke, schnelle Tier während der Nacht.

Kr Oberkreide

Körperlänge: 2 m
Ordnung: Saurischia
Familie: Troödontidae
Verbreitung: Nordamerika (Alberta)

Stenonychosaurus

Velociraptor

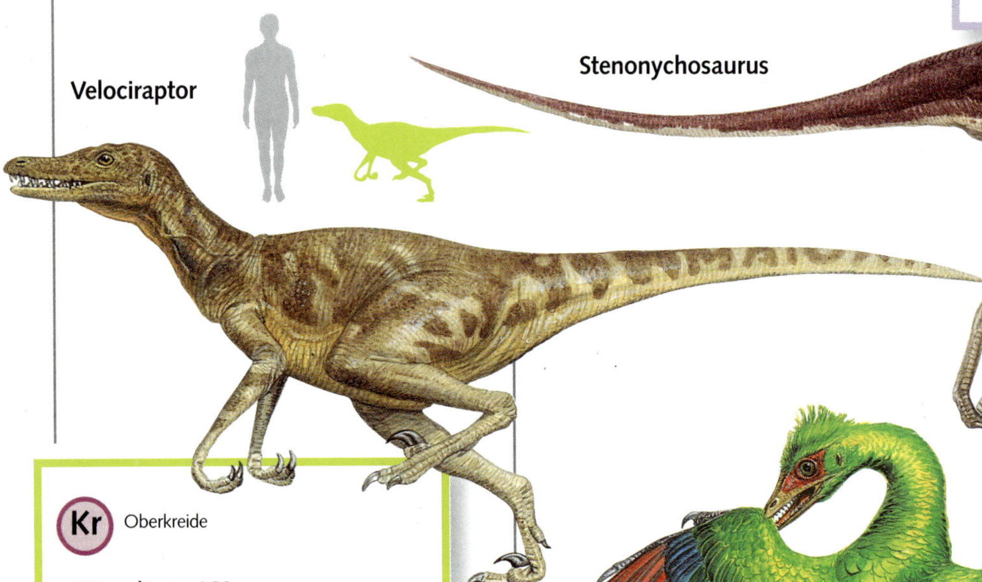

Kr Oberkreide

Körperlänge: 1,80 m
Ordnung: Saurischia
Familie: Dromaeosauridae
Verbreitung: Asien (Mongolei, China, Kasachstan)

Velociraptor

Der Velociraptor war ein Raubtier mit langem Kopf und flacher Schnauze, das schnell laufen konnte. In der Mongolei fand man zwei ineinander verschlungene Skelette. Eines gehörte einem Velociraptor, das andere einem Protoceratops. Man nimmt an, dass sie während eines Kampfes von einem Sandsturm überrascht wurden und starben.

Archaeopteryx

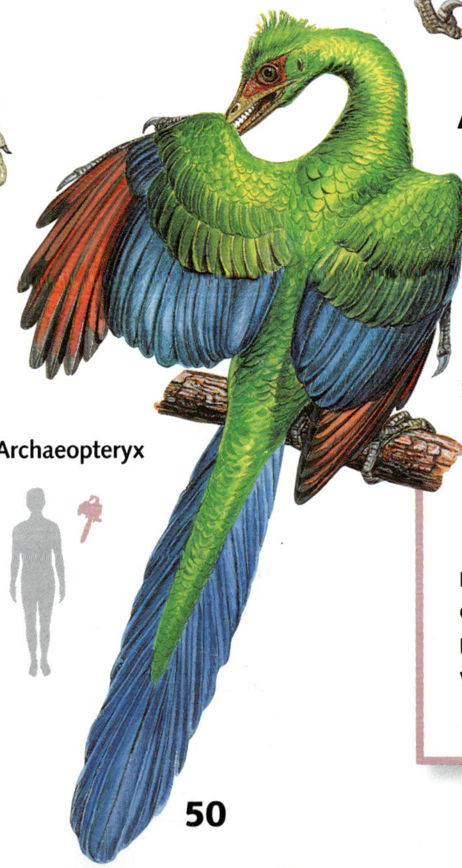

Archaeopteryx

Der Archaeopteryx hatte noch kein vergrößertes Brustbein, an dem bei den heutigen Vögeln die Flugmuskeln ansetzen. Er konnte noch keine weiten Strecken fliegen. Wahrscheinlich kletterte er auf Bäume, schwang sich in die Luft und flatterte und segelte kurze Strecken auf der Jagd nach Insekten.

J Oberjura

Körperlänge: 35 cm
Ordnung: Aves
Familie: Archaeopterygidae
Verbreitung: Europa (Deutschland)

Deinonychus

Der Deinonychus war ein schnelles, wendiges Raubtier mit einer ungewöhnlichen Waffe. Jeweils der zweite Zeh seiner Füße trug eine 12 Zentimeter lange Sichelkralle. Vielleicht stellte sich dieser Dinosaurier auf ein Bein und schlug seinen Opfern die Kralle des anderen Fußes in den Leib.

Kr Unterkreide

Körperlänge: 3–4 m
Ordnung: Saurischia
Familie: Dromaeosauridae
Verbreitung: Nordamerika (Montana)

Deinonychus

Saurornithoides

Diese Dinosaurier hatten ähnlich wie der Stenonychosaurus ein großes Gehirn und wahrscheinlich scharfe Sinnesorgane. Ihre großen Augen weisen sie als Nachtjäger aus. Nachts kamen sie aus ihrem Versteck und jagten kleine Reptilien und andere Tiere.

Kr Oberkreide

Körperlänge: 2 m
Ordnung: Saurischia
Familie: Saurornithoididae
Verbreitung: Asien (Mongolei)

Saurornithoides

Dromaeosaurus

Auch dieser Dinosaurier trug, wie der Deinonychus, lange, gebogene Krallen an den Füßen, mit denen er seine Beute tötete. Die Dromaeosaurier waren gefürchtete, schnelle Raubtiere, die wahrscheinlich im Rudel jagten und daher auch Tiere zur Strecke bringen konnten, die viel größer waren als sie selbst.

Kr Oberkreide

Körperlänge: 1,80 m
Ordnung: Saurischia
Familie: Dromaeosauridae
Verbreitung: Nordamerika (Kanada)

Dromaeosaurus

Scipionyx

Obwohl das Fossil bereits seit 10 Jahren bekannt war, ordnete man den Scipionyx erst 1998 den Dinosauriern zu. Es war ein einmaliger Fund, denn er enthielt Teile des Darms – der erste Nachweis eines inneren Organs bei Dinosauriern. Der Scipionyx war wahrscheinlich ein Fleischfresser und lief aufrecht auf zwei Beinen.

Kr Unterkreide

Körperlänge: 50 cm – 1 m
Ordnung: Saurischia
Familie: unsicher
Verbreitung: Europa (Italien)

Scipionyx

Straußen-Dinosaurier

Die Straußen-Dinosaurier sahen mit ihren schlanken, langen Hälsen und den kleinen Köpfen den heutigen Straußen sehr ähnlich. Wie diese Vögel waren auch die Straußen-Dinosaurier schnelle Läufer, die vielleicht mit bis zu 65 Kilometer pro Stunde hinter ihrer Beute herrannten. Sie fraßen vermutlich auch Blätter und Früchte, die sie mit ihren schlanken, Krallen tragenden Fingern von den Bäumen rissen. Wahrscheinlich waren diese Ornithomimiden mit den Therizinosauriern (oder Segnosauriern) verwandt. Erst vor kurzer Zeit hat man vollständige Skelette dieser Tiere gefunden. Anders als die übrigen Theropoden ernährten sie sich vielleicht von Pflanzen.

Ornithomimus

Der Ornithomimus war ein typischer Straußen-Dinosaurier. Er hatte einen leichten Körperbau und schlanke Hinterbeine. Wahrscheinlich hielt er im Lauf den langen Schwanz ausgestreckt, um sein Körpergewicht auszubalancieren. Er hatte keine Zähne, sondern riss seine Nahrung mit dem harten Schnabel in kleine Stücke.

Ornithomimus

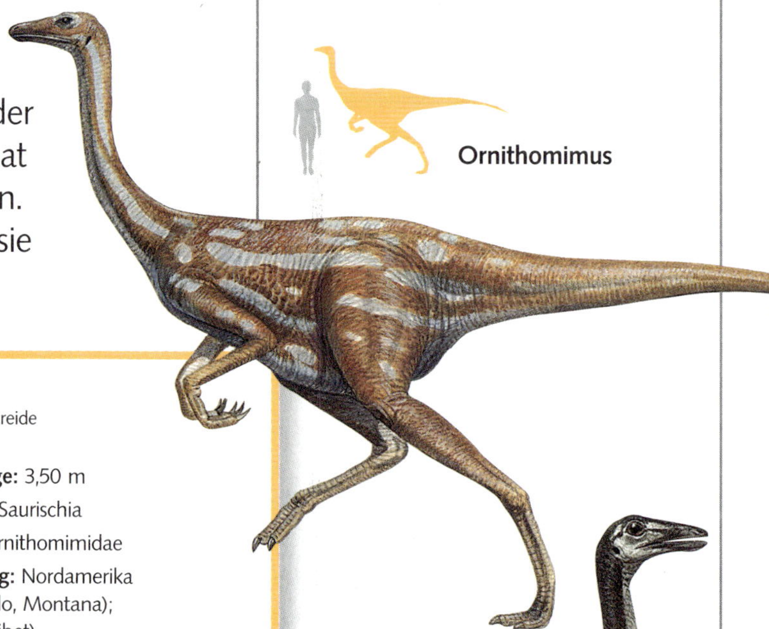

Kr Oberkreide

Körperlänge: 3,50 m
Ordnung: Saurischia
Familie: Ornithomimidae
Verbreitung: Nordamerika (Colorado, Montana); Asien (Tibet)

Oviraptor

Die Eier, die man zusammen mit dem ersten Fossil des Oviraptors fand, wurden zuerst nicht dem Oviraptor zugeordnet. Deshalb gab man ihm einen Namen, der „Eierdieb“ bedeutet. Heute weiß man jedoch, dass dieser Oviraptor wahrscheinlich starb, als er versuchte seine eigenen Eier zu verteidigen.

Kr Oberkreide

Körperlänge: 1,80 m
Ordnung: Saurischia
Familie: Oviraptoridae
Verbreitung: Asien (Mongolei)

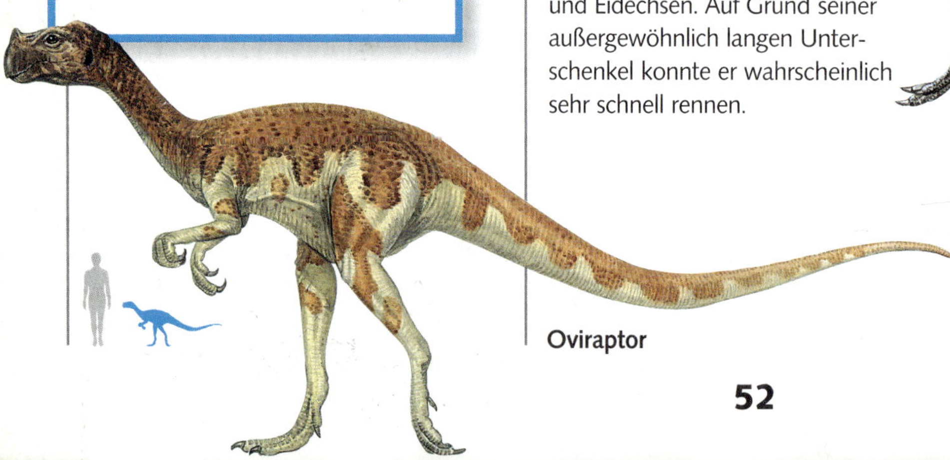

Oviraptor

Dromiceiomimus

Dromiceiomimus

Der Schädel dieses Straußen-Dinosauriers belegt, dass er ein für seine Körpergröße riesiges Gehirn und ungewöhnlich große Augen hatte. Wahrscheinlich jagte er nachts und fing mit seinem zahnlosen Schnabel kleine Säugetiere und Eidechsen. Auf Grund seiner außergewöhnlich langen Unterschenkel konnte er wahrscheinlich sehr schnell rennen.

Kr Oberkreide

Körperlänge: 3,50 m
Ordnung: Saurischia
Familie: Ornithomimidae
Verbreitung: Nordamerika (Kanada)

Pelecanimimus

Dieses Fossil wurde als erster Straußen-Dinosaurier in Europa entdeckt. Er hatte einen langen, schmalen Schädel und, wie fossile Abdrücke vermuten lassen, eine Kehltasche wie ein Pelikan. Im Unterschied zu anderen Straußen-Dinosauriern saßen im Kiefer von Pelecanimimus bis zu 220 Zähne.

Pelecanimimus

Kr Unterkreide

Körperlänge: bis 2 m
Ordnung: Saurischia
Familie: Ornithomimidae
Verbreitung: Europa (Spanien)

Therizinosaurus

Vom Therizinosaurus hat man nur wenige Fossilien gefunden. Auffallend an den Funden sind die Arme mit ihren riesigen, mehr als 70 Zentimeter langen Klauen. Vielleicht hat er damit Blätter gesammelt und sie dann in seinen zahnlosen Schnabel gesteckt.

Therizinosaurus

Kr Oberkreide

Körperlänge: 4–5 m
Ordnung: Saurischia
Familie: Therizinosauridae
Verbreitung: Asien (China, Mongolei)

Alxasaurus

Kr Unterkreide

Körperlänge: bis 4 m
Ordnung: Saurischia
Familie: Therizinosauridae
Verbreitung: Asien (China, Mongolei)

Alxasaurus

Der Alxasaurus war ein Verwandter von Therizinosaurus. Auch er hatte lange, schlanke Arme und Hände mit riesigen Krallen. Sein Körper war massig mit breiten Hüften und einem kurzen Schwanz. Vielleicht stützte er sich beim Fressen mit diesem Schwanz ab. Der kleine Kopf endete in einem zahnlosen Schnabel, weiter hinten im Kiefer saßen jedoch einige kleine Zähne.

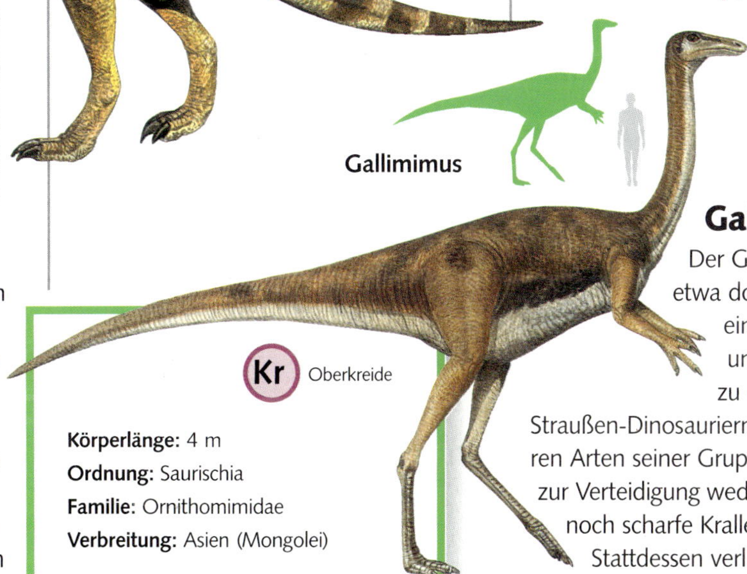

Gallimimus

Kr Oberkreide

Körperlänge: 4 m
Ordnung: Saurischia
Familie: Ornithomimidae
Verbreitung: Asien (Mongolei)

Gallimimus

Der Gallimimus war etwa doppelt so groß wie ein heutiger Strauß und gehörte damit zu den größten Straußen-Dinosauriern. Wie den anderen Arten seiner Gruppe standen ihm zur Verteidigung weder kräftige Zähne noch scharfe Krallen zur Verfügung. Stattdessen verließ er sich auf seine Schnelligkeit. Nur wenige Dinosaurier nahmen es darin mit ihm auf.

Tyrannosaurier

Die riesigen, Fleisch fressenden Tyrannosaurier lebten zur Zeit der Oberkreide in Asien und Nordamerika. Sie gehören zu den größten Landraubtieren aller Zeiten. Alle Tyrannosaurier hatten mächtige Köpfe und kräftige Kiefer, die mit scharfen Zähnen besetzt waren – manche bis zu 15 Zentimeter lang. Sie gingen aufrecht auf den Hinterbeinen und bewegten sich mit einer Geschwindigkeit von bis zu 30 Kilometer pro Stunde. Mit ihren kurzen Armen konnten sie noch nicht einmal ihr Maul erreichen. Manche Forscher nehmen an, dass sich die Tyrannosaurier mit diesen winzigen Armen nach dem Schlaf oder einer Mahlzeit auf dem Boden abstützten um aufzustehen.

Siamotyrannus

Dieses 1996 in Thailand entdeckte Tier ist der älteste uns bekannte Tyrannosaurier. Er lebte rund 50 Millionen Jahre vor Tyrannosaurus. Wie sein Verwandter hatte auch Siamotyrannus gebogene, gezackte Zähne. Wahrscheinlich jagte er Pflanzen fressende Dinosaurier, die viel größer waren als er selbst.

Siamotyrannus

Kr Unterkreide

Körperlänge: 5–7 m
Ordnung: Saurischia
Familie: Tyrannosauridae
Verbreitung: Asien (Thailand)

Daspletosaurus

Kr Oberkreide

Körperlänge: 8,50 m
Ordnung: Saurischia
Familie: Tyrannosauridae
Verbreitung: Nordamerika (Kanada)

Daspletosaurus

Der Daspletosaurus war zwar kleiner als der Tyrannosaurus, aber dennoch ein gefürchteter Jäger. Er hatte lange Zähne mit gezackten Schneiden, bekrallte Zehen und einen kräftigen Körper. Damit konnte er sogar die großen gehörnten Dinosaurier jagen, die damals in den Wäldern von Nordamerika lebten.

Alioramus

Während die meisten Tyrannosaurier mächtige Köpfe mit kurzen Schnauzen hatten, war der Schädel des Alioramus lang und schmal. Außerdem trug er Knochenbuckel auf der Schnauze und um die Augen herum. Wie andere Tyrannosaurier legte er sich auf die Lauer und stürzte aus dem Versteck, wenn sich eine Beute näherte.

Alioramus

Kr Oberkreide

Körperlänge: 6 m
Ordnung: Saurischia
Familie: Tyrannosauridae
Verbreitung: Asien (Mongolei)

Tarbosaurus

Kr Oberkreide

Körperlänge: 14 m
Ordnung: Saurischia
Familie: Tyrannosauridae
Verbreitung: Asien (Mongolei)

Tarbosaurus

Wie alle Tyrannosaurier hatte auch der Tarbosaurus kurze Arme und kleine Hände mit je zwei Fingern, die Klauen trugen. Beine und Füße waren groß und massig, mit jeweils vier Zehen an den Füßen. Drei dieser Zehen wiesen nach vorn, die vierte, viel kleinere Zehe, nach hinten. Dieses Furcht erregende Tier verjagte entweder andere Raubtiere von ihrer Beute oder jagte seine Opfer selbst.

Albertosaurus

Wie alle Tyrannosaurier trug auch der Albertosaurus einen zweiten Satz Rippen über dem Bauchraum. So wurden die inneren Organe nicht von seinem enormen Körpergewicht zerquetscht, wenn sich der Albertosaurus niederlegte. Er war ein gefürchteter Jäger, der seine Opfer mit einem einzigen Biss in den Hals töten konnte.

Albertosaurus

Kr Oberkreide

Körperlänge: 8 m
Ordnung: Saurischia
Familie: Tyrannosauridae
Verbreitung: Nordamerika (Kanada)

Tyrannosaurus

Mit einer Größe von bis zu 6 Meter und einem höheren Gewicht als ein afrikanischer Elefant war der Tyrannosaurus eines der Furcht erregendsten Tiere der Kreide. Manche Forscher vermuten, er sei zu schwerfällig gewesen, um selbst Beute jagen zu können. Sie nehmen an, er habe nur bereits tote Tiere gefressen. Wahrscheinlich lebte Tyrannosaurus aber wie die heutigen Löwen: Er jagte und verschmähte auch Aas nicht.

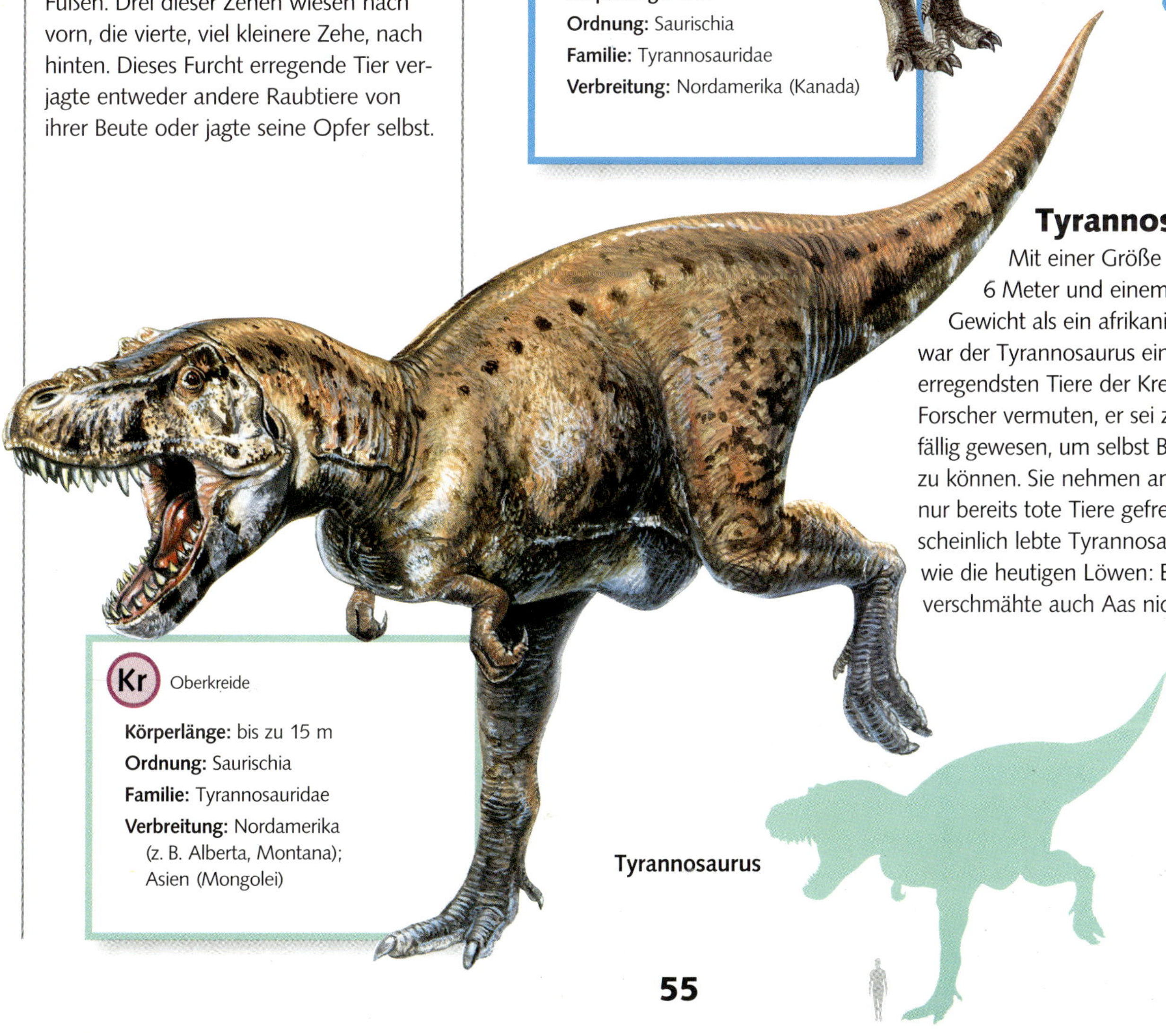

Kr Oberkreide

Körperlänge: bis zu 15 m
Ordnung: Saurischia
Familie: Tyrannosauridae
Verbreitung: Nordamerika (z. B. Alberta, Montana); Asien (Mongolei)

Tyrannosaurus

Ernährung

Was fraßen die Dinosaurier? Wie viele heutige Tiere auch, waren die meisten Dinosaurier Pflanzenfresser. Andere waren Raubtiere, die jagten und andere Tiere töteten. Die größten Jäger, wie der Tyrannosaurus, haben vielleicht sogar Artgenossen gejagt. Kleinere Raubtiere gingen wahrscheinlich gruppenweise auf die Jagd. So konnten sie Dinosaurier angreifen, die viel größer waren als sie selbst. Es gab mehr Pflanzenfresser als Fleischfresser. Jede Art spezialisierte sich auf die Nahrung, die sie auf Grund ihres Körperbaus am besten erreichen konnte. Kleine Dinosaurier, wie der Protoceratops, weideten den Boden ab. Größere, gehörnte Dinosaurier hatten kurze Hälse – sie fraßen Sträucher. Hadrosaurier erhoben sich auf die Hinterbeine und erreichten so auch höhere Bäume. Die mächtigen Sauropoden waren die größten von allen. Wenn sie sich streckten, kamen sie als Einzige bis an die Spitzen der Bäume.

Nahrung für alle

Auf diesem Bild sieht man, wie die unterschiedlichen Dinosaurier, von kleinen, gehörnten Dinosauriern bis zu einem riesigen Sauropoden, die Pflanzen in unterschiedlichen Höhen abfressen. Die größten Dinosaurier brauchten täglich enorme Mengen von Pflanzen, um satt zu werden. Wahrscheinlich fraß ein Sauropode jeden Tag eine Tonne Blätter.

Sauropode

Hadrosaurier

Versteinerter Kot

Versteinerten Kot nennt man Koprolith, also Kotstein. Er liefert wertvolle Hinweise auf die Ernährung. Man fand in Koprolithen zum Beispiel Reste von Nadelbäumen, Palmfarnen aber auch anderer Tiere. Die Forscher können zwar ermitteln, was ein Koprolith enthält, meist jedoch nicht, von welchem Tier er stammt.

Aufbau des Schädels

Bei Pflanzenfressern, wie den Entenschnabeldinosauriern, saß vorn am Kiefer ein zahnloser Schnabel. Damit rissen sie Blätter ab. Die dicht stehenden Zähne hinten im Kiefer zermahlten die kleinen Portionen. Fleischfresser, wie die Allosaurier, hatten dagegen einen kräftigen Kiefer mit vielen scharfen Zähnen. Die Zähne waren nach hinten gebogen und hatten gezackte Schnittkanten.

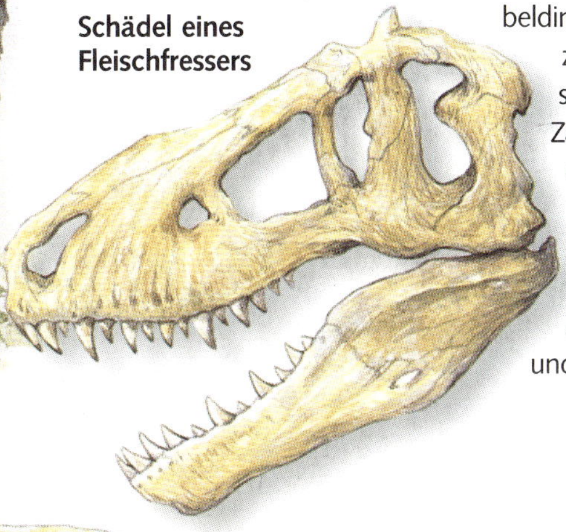

Schädel eines Fleischfressers

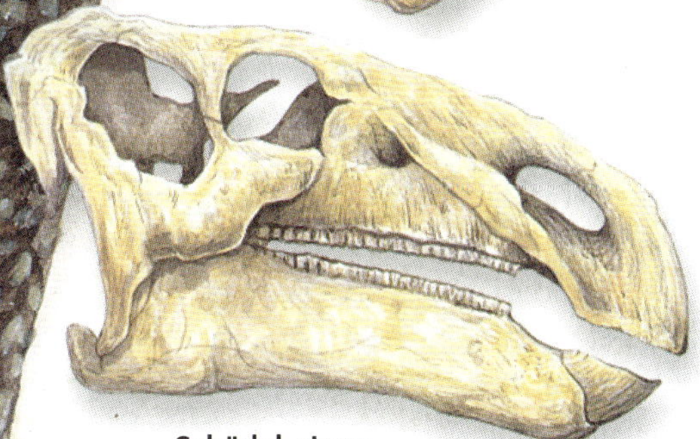

Schädel eines Pflanzenfressers

Tyrannosaurus

Mächtige Jäger

Die Körper der größten Raubtiere, wie der Tyrannosaurier, waren auf Kraft und Stärke angelegt. Sie hatten massive Kiefer mit dolchartigen Zähnen. Damit rissen sie ihre Opfer in Sekundenschnelle auseinander. Als Jäger mussten sie zwar manchmal tagelang einer Spur folgen, doch wenn sie ein Beutetier geschlagen hatten, reichte eine ausgiebige Mahlzeit für mehrere Tage.

Prosauropoden

Diese Dinosaurier erschienen erstmals in der Obertrias. Es gab zwei Gruppen: Die Plateosaurier hatten große, schwere Körper, die Anchisaurier waren kleiner und leichter gebaut. Wie die späteren Sauropoden waren die Dinosaurier mit den langen Hälsen wahrscheinlich Pflanzenfresser. Trotz einiger Gemeinsamkeiten sind die Prosauropoden aber nicht die Vorfahren der Sauropoden, wie der Name vermuten lässt. Vielmehr gehören sie zu einem Seitenzweig dieser Gruppe und waren gegen Ende des Unterjura bereits ausgestorben.

Plateosaurus

Anchisaurus

Der Anchisaurus war ein kleiner Prosauropode mit leichtem Körperbau, einem kleinen Kopf auf dem langen Hals und einem schlanken Körper. Seine Arme waren kürzer als die Beine. Wahrscheinlich konnte er sowohl auf zwei wie auf vier Beinen gehen. Jeder seiner Daumen trug eine große Kralle. Vielleicht grub er damit Pflanzen aus oder verteidigte sich gegen Angreifer.

J Unterjura

Körperlänge: 2,10 m
Ordnung: Saurischia
Familie: Anchisauridae
Verbreitung: Nordamerika (Connecticut); Südliches Afrika

Anchisaurus

T Obertrias J Unterjura

Körperlänge: 10 m
Ordnung: Saurischia
Familie: Melanorosauridae
Verbreitung: Südamerika (Argentinien)

Riojasaurus

Riojasaurus

Der Riojasaurus war ein massiger Dinosaurier. Wahrscheinlich konnte er sein Körpergewicht nur tragen, wenn er auf allen vieren ging. Er trägt seinen Namen nach der Provinz La Rioja in Argentinien, in der man Fossilien von ihm fand.

Plateosaurus

Von Plateosaurus hat man viele gut erhaltene Skelette gefunden, daher ist er der bisher am besten erforschte Prosauropode. Der Schwanz machte die Hälfte der Körperlänge aus. Er hatte einen starken Kopf und viele kleine, blattförmige Zähne – gut geeignet für die Pflanzennahrung. Wahrscheinlich bewegte er sich meist auf vier Beinen, konnte sich aber auch auf die Hinterbeine erheben und Blätter von hohen Bäumen fressen.

T Obertrias

Körperlänge: bis 7 m
Ordnung: Saurischia
Familie: Plateosauridae
Verbreitung: Europa (z. B. Deutschland, England, Frankreich)

Lufengosaurus

J Unterjura

Körperlänge: 5–7 m
Ordnung: Saurischia
Familie: Plateosauridae
Verbreitung: Asien (China)

Lufengosaurus

Bis heute hat man etwa 30 Skelette dieses Prosauropoden entdeckt. Der Lufengosaurus war der erste vollständig erhaltene Dinosaurier, der in China ausgestellt wurde. Er war ein großes, massig gebautes Landtier mit großen Händen und breiten Füßen. Seine Zähne standen weit auseinander.

T Obertrias

Körperlänge: 4 m
Ordnung: Saurischia
Familie: Plateosauridae
Verbreitung: Nordamerika (Arizona); Afrika (Südafrika, Simbabwe)

Massospondylus

Massospondylus

Der Massospondylus trug auf seinem sehr langen, beweglichen Hals einen kleinen Kopf. Mit seinen großen Händen, an denen je fünf Finger saßen, konnte er Nahrung sammeln oder sich beim Gehen auf allen vieren abstützen. Im Bereich des Magens fand man bei einigen Skeletten polierte Steine. Wahrscheinlich waren sie geschluckt worden und dienten dann als Mahlsteine für die Nahrung.

T Obertrias J Unterjura

Körperlänge: 3 m
Ordnung: Saurischia
Familie: Plateosauridae
Verbreitung: Südamerika (Argentinien)

Mussaurus

In Argentinien fand man 1979 ein „Nest" mit frisch geschlüpften Mussaurus-Jungen. Die Jungen waren bis zu 20 Zentimeter groß. Daneben lagen unversehrte Eier, die nur 25 Millimeter lang waren.

Mussaurus

Thecodontosaurus

Dieser Saurier war ähnlich leicht gebaut wie ein Anchisaurus, hatte aber einen kürzeren Hals und mehr Zähne als sein Verwandter. Seinen Namen bekam er 1842, als seine fossilen Knochen in Südwestengland gefunden wurden.

T Obertrias J Unterjura

Körperlänge: 2,10 m
Ordnung: Saurischia
Familie: Anchisauridae
Verbreitung: Europa (England); Südliches Afrika

Thecodontosaurus

Fossilien

Fossilien sind die versteinerten Überreste von Tieren. Meistens erhalten sich die festen Körperteile, wie Zähne, Knochen und Schuppen, aber man hat auch Fossilien von Eiern und Kot gefunden. Auch Abdrücke im Boden, wie die Fußspur eines Riesendinosauriers, können sich als Fossilien erhalten. Damit sich ein Fossil bildet, müssen bestimmte Bedingungen herrschen. Stell dir vor, ein Dinosaurier stirbt am Ufer eines Flusses oder Sees. Insekten und Aasfresser verzehren sein Fleisch, doch die Knochen bleiben übrig und versinken langsam im Schlamm. Über die Jahre sammelt sich immer mehr Schlamm über den Knochen an. Wasser, das durch den Boden sickert, enthält Mineralien. Diese Mineralien verwandeln den Schlamm und die Knochen in Gestein. Das Skelett behält also seine äußere Form, ist aber ein „Stein".

Diese versteinerten Dinosaurierfußspuren hat man in Utah (Vereinigte Staaten von Amerika) gefunden. Anhand der Fußspuren kann man zum Beispiel feststellen, wie schnell ein Dinosaurier lief oder ob er in Herden lebte.

Die Zähne haben sich bei diesem Fossil besonders gut erhalten. Sie gehörten dem Eudimorphodon, einem der ältesten, fliegenden Reptilien und waren perfekt geeignet glitschige Fische fest zu halten.

Wie ein Fossil entsteht

1. Ein toter Dinosaurier wird zum größten Teil von Raubtieren oder anderen Aas fressenden Reptilien gefressen. Der Rest verwest.

2. Das Skelett des Dinosauriers liegt auf dem Seeboden und versinkt langsam im Schlamm.

3. Über Millionen von Jahren hinweg lagern sich immer mehr Schwebstoffe aus dem See auf dem Dinosaurierskelett ab.

4. Das Bodenniveau ist nun höher. Durch die Erosion wird das Gestein oberhalb des Skeletts wieder abgetragen.

5. Schließlich sind die Gesteinsschichten entfernt. Die fossilen Knochen werden sichtbar.

Weite Teile der Erde werden von Erdreich und Pflanzen bedeckt. In Wüsten jedoch oder dort, wo Wassermassen die Erde wegspülen, liegen die Felsen frei. Manchmal werden dabei auch uralte Knochen freigelegt. Meist ist allerdings nur ein Teil eines Skeletts in einem Felsen oder an einer Ausgrabungsstätte zu erkennen.

Die Zähne eines Tieres bleiben häufig erhalten und geben Aufschluss über die Lebensweise ihres Besitzers. Diese langen, scharfen Zähne gehörten zum Beispiel einem Fleisch fressenden Dinosaurier.

Sauropoden

Diese Pflanzen fressenden Dinosaurier waren die größten uns bekannten Landtiere. Schon die kleinsten maßen 10 Meter und die größten waren bis zu 38 Meter lang. Sie sahen alle ähnlich aus: Auf dem langen Hals saß ein kleiner Kopf. Der massige Körper wurde von dicken Beinen getragen und der Schwanz war lang und lief spitz zu. Sie bewegten sich wahrscheinlich langsam auf allen vieren vorwärts. Die Sauropoden sind in mehrere Familien untergliedert, wie zum Beispiel die Brachiosaurier und die noch größeren Diplodociden.

Kr Oberkreide

Körperlänge: 12 m
Ordnung: Saurischia
Familie: Titanosauridae
Verbreitung: Südamerika (Argentinien)

Saltasaurus

Saltasaurus

Die Titanosaurier, wie der Saltasaurus, erschienen erstmals im Oberjura und kamen bis zum Ende der Kreide vor. Der Saltasaurus gehörte zu den kleineren Arten. Er trug zahlreiche Knochenplatten in der Haut, von denen manche mit Stacheln besetzt waren. So konnte sich dieser Pflanzenfresser vor Angriffen Fleisch fressender Feinde schützen.

J Oberjura

Körperlänge: 15 m
Ordnung: Saurischia
Familie: Camarasauridae
Verbreitung: Asien (China)

Euhelopus

Euhelopus

Obwohl er auf der anderen Seite der Erde lebte, war der Euhelopus ein naher Verwandter des Camarasaurus. Er hatte einen ähnlichen Körperbau, nur sein Hals war viel länger mit 17 bis 19 Wirbeln. Camarasaurus hatte 12 Halswirbel. Mit seinen spatelförmigen Zähnen konnte der Euhelopus Pflanzen, wie Farne und Schachtelhalme, abrupten.

Alamosaurus

Der Alamosaurus gehörte zu den letzten Titanosauriern und lebte Ende der Oberkreide. Wie andere Mitglieder seiner Familie hatte er eine breite Schnauze mit schmalen Zähnen. Damit konnte er Blätter von den Zweigen abstreifen. Der Alamosaurus wurde nach dem amerikanischen Fort Alamo benannt.

Kr Oberkreide

Körperlänge: 21 m
Ordnung: Saurischia
Familie: Titanosauridae
Verbreitung: Nordamerika (z. B. Montana, New Mexico, Texas)

Barapasaurus

Unterjura

Körperlänge: 15 m
Ordnung: Saurischia
Familie: Barapasauridae
Verbreitung: Asien (Indien)

Barapasaurus

Dieser Sauropode gehört zu den ältesten uns bekannten Vertretern seiner Gruppe. Er hatte einen typischen Sauropodenkörper, doch einige seiner Rückgrat- und Halsknochen waren hohl. Dadurch wog er weniger. Bisher hat man in Südindien sechs unvollständige Skelette dieses Dinosauriers gefunden, allerdings noch keinen Schädel.

Cetiosaurus

Mittel- bis Oberjura

Körperlänge: 18,30 m
Ordnung: Saurischia
Familie: Cetiosauridae
Verbreitung: Europa (England); Afrika (Marokko)

Cetiosaurus

Cetiosaurus, der mehr als 9 Tonnen wog, war ein riesiges Tier mit einem kürzeren Hals als die meisten anderen Sauropoden. Als man 1809 erstmals Knochen von ihm entdeckte, glaubten die Menschen, sie würden zu einem riesigen Meerestier gehören. Daher gaben sie ihm den Namen, der „Wal-Echse" bedeutet.

Alamosaurus

Camarasaurus

Im Oberjura gehörte der mächtige Camarasaurus zu den häufigsten Sauropoden in Nordamerika. Er lebte, wie andere Sauropoden, wahrscheinlich in Herden und schreckte Angreifer durch seinen gewaltigen Körper ab. Ein erwachsenes Tier wog bis zu 20 Tonnen.

Oberjura

Körperlänge: 18 m
Ordnung: Saurischia
Familie: Camarasauridae
Verbreitung: Nordamerika (z. B. Colorado, Oklahoma, Utah)

Camarasaurus

Diplodocus

J Oberjura

Körperlänge: 26 m
Ordnung: Saurischia
Familie: Diplodocidae
Verbreitung: Nordamerika (z. B. Colorado, Montana, Utah)

Diplodocus

Dieses riesige Tier hatte einen 7,30 Meter langen Hals, auf dem ein nur 60 Zentimeter langer Kopf saß – kaum größer als ein Pferdekopf. Trotz seiner Größe wog der Diplodocus nur 10 Tonnen, viel weniger als der Brachiosaurus. Der Grund dafür waren die nahezu hohlen Wirbelknochen. Sein Schwanz hatte die Form einer Peitsche und bestand aus mindestens 70 Knochen.

Brachiosaurus

Brachiosaurus

Wahrscheinlich wog dieser Riese bis zu 80 Tonnen, also mehr als zwölf afrikanische Elefanten. Er hatte einen Hals, der bis zu den Blättern der höchsten Bäume reichte. Seine Vorderbeine waren länger als die Hinterbeine. Ein fast vollständiges Skelett wurde 1912 in Ostafrika von einer deutschen Expedition ausgegraben und steht heute im Paläontologischen Museum in Berlin.

J Oberjura

Körperlänge: 23 m
Ordnung: Saurischia
Familie: Brachiosauridae
Verbreitung: Nordamerika (Colorado); Afrika (Algerien, Tansania)

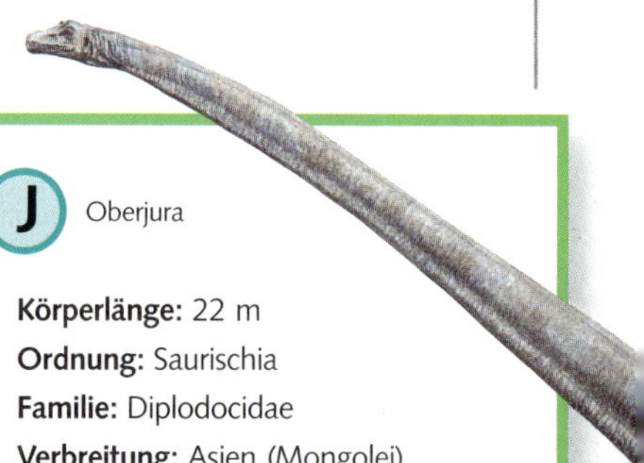

J Oberjura

Körperlänge: 22 m
Ordnung: Saurischia
Familie: Diplodocidae
Verbreitung: Asien (Mongolei)

Mamenchisaurus

J Oberjura

Körperlänge: 38 m
Ordnung: Saurischia
Familie: Diplodocidae
Verbreitung: Nordamerika (New Mexico)

J Oberjura

Körperlänge: 12,60 m
Ordnung: Saurischia
Familie: Diplodocidae
Verbreitung: Afrika (Tansania)

Dicraeosaurus

Dicraeosaurus

Im Vergleich zu den meisten anderen Mitgliedern seiner Familie war der Dicraeosaurus klein, hatte einen kürzeren Hals und einen größeren Kopf. Sein Name bedeutet „Gabel-Echse" und bezieht sich auf die gegabelten Stacheln, die aus seinen Wirbeln auswuchsen. Vielleicht dienten sie dazu, das Rückgrat zu verstärken. Wie der Brachiosaurus ist auch der Dicraeosaurus im Paläontologischen Museum in Berlin zu besichtigen.

Mamenchisaurus

Mit 11 Meter Länge hatte der Mamenchisaurus den längsten Hals aller uns bekannten Tiere. Der Hals machte die Hälfte seiner Gesamtlänge aus und hatte 19 besonders lange Wirbel. Wahrscheinlich konnte der Mamenchisaurus deshalb frisches Grün sogar aus den Baumspitzen zupfen.

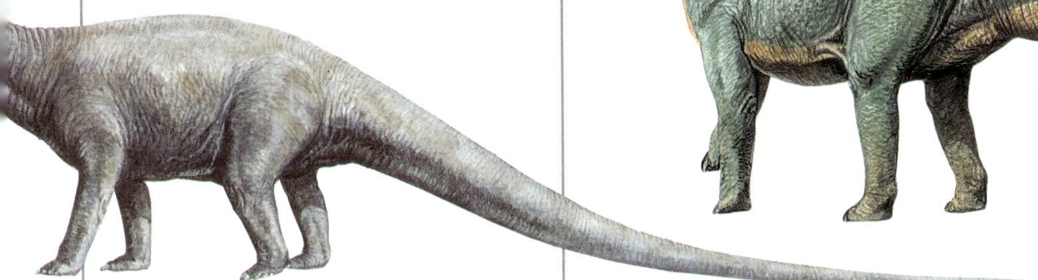

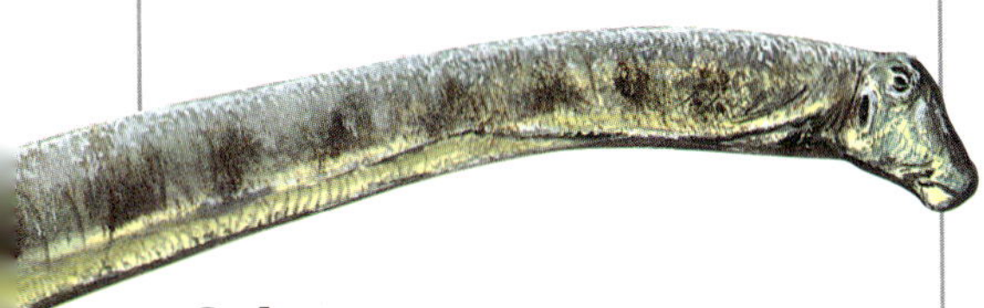

Kr Unterkreide

Körperlänge: 10 m
Ordnung: Saurischia
Familie: Diplodocidae
Verbreitung: Südamerika (Argentinien)

Amargasaurus

Amargasaurus

Dieser kleine Diplodocide trug zwei Reihen von Stacheln auf seiner Wirbelsäule. Vielleicht schützten sie ihn vor Angreifern. Eventuell waren diese Stacheln aber auch von Haut überzogen. Mit dem segelartigen Organ hätte der Amargasaurus seine Körpertemperatur anheben oder senken können.

Seismosaurus

Zwei Wanderer fanden die Überreste dieses Sauropoden, wahrscheinlich das längste Landtier aller Zeiten, zufällig in New Mexico. Der Seismosaurus hatte kurze, dicke Beine, die seinen etwa 100 Tonnen schweren Körper trugen.

Seismosaurus

Apatosaurus

Obwohl der Apatosaurus wahrscheinlich auf allen vieren lief, konnte er sich vielleicht auf die Hinterbeine erheben und Feinde mit seinen Vorderbeinen erschlagen. Ansatzstellen an seinen Knochen zeigen, dass Apatosaurus über kräftige Muskeln verfügte. Mit ihrer Hilfe schlug er seinen Schwanz hin und her und schreckte so Angreifer ab.

J Oberjura

Körperlänge: 21,30 m
Ordnung: Saurischia
Familie: Diplodocidae
Verbreitung: Nordamerika (z. B. Colorado, Oklahoma)

Apatosaurus

Ausgrabungen

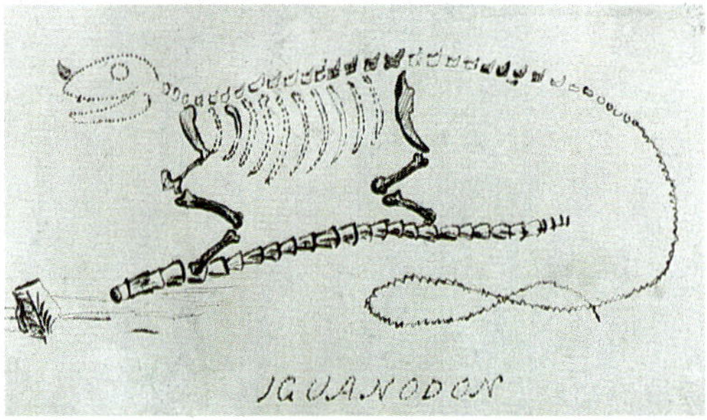

Diese Skizze eines Iguanodon zeichnete der englische Landarzt Gideon Mantell. Er entdeckte die Überreste des Dinosauriers im Jahr 1822.

Fast unser gesamtes Wissen über die Dinosaurier geht auf Fossilien zurück, die Millionen von Jahren begraben lagen. Manchmal hat man sie zufällig gefunden, aber meistens wurden sie von Dinosaurierforschern aufgespürt, den Paläontologen. Ehe man Fossilien von der Fundstelle entfernt, müssen genaue Pläne gezeichnet werden, in denen die Lage jedes einzelnen Knochen vermerkt wird. Das ermöglicht den Forschern das Skelett zu einem späteren Zeitpunkt zu rekonstruieren. Im Museum untersucht man die einzelnen Knochen auf Spuren, die auf das lebende Tier hinweisen. So weisen kleine Kerben oder raue Stellen auf den Knochen darauf hin, dass an dieser Stelle die Muskeln ansetzten. Außerdem vergleichen die Forscher die Dinosaurier mit heute lebenden Tieren, um etwas über ihr Aussehen und ihre Lebensweise herauszufinden.

Legende

Fossile Knochen

Ergänzte Knochen

Das rekonstruierte Skelett eines Baryonyx

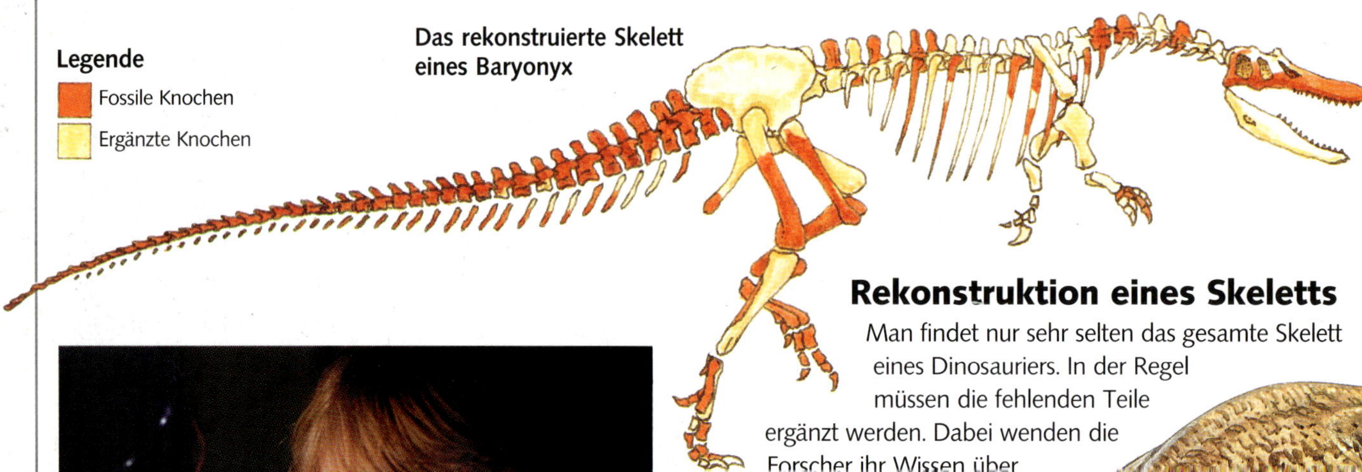

Rekonstruktion eines Skeletts

Man findet nur sehr selten das gesamte Skelett eines Dinosauriers. In der Regel müssen die fehlenden Teile ergänzt werden. Dabei wenden die Forscher ihr Wissen über andere, ähnliche Tiere an. Vom Baryonyx (oben und rechts) sind uns nur 60 Prozent des Skeletts bekannt.

Wenn ein Fossil transportiert werden muss, kann man es durch eine Gipshülle schützen. Ein so genannter Präparator entfernt vorsichtig die Gipshülle von den Überresten eines versteinerten Brustkorbs (Albertosaurus).

So könnte ein Baryonyx ausgesehen haben.

Bei der Ausgrabung
Werden Dinosaurierknochen gefunden, wie dieses Skelett eines Tyrannosauriers in Alberta (Kanada), müssen sie sehr vorsichtig behandelt werden. Die Paläontologen befreien die Knochen aus den Felsen. Dabei benutzen sie Geologenhämmer, Meißel, aber auch weiche Pinsel. Dann umhüllt man die Knochen mit einem Gipsverband. Sobald der Gips hart geworden ist, kann man den Felsen unter den Knochen abschlagen und alles in ein Museum bringen. Dort wird das Skelett weiter untersucht.

Dickschädelsaurier und andere Pflanzenfresser

Vermutlich lebten die Dickschädelsaurier in Herden. Die meiste Zeit suchten sie nach Pflanzen und führten ein friedliches Leben, doch während der Paarungszeit wurden die Männchen zu wilden Kämpfern. Dann rannten sie mit gesenkten Köpfen aufeinander zu. Dicke Schädeldecken schützten das Gehirn beim Aufprall. Die überwiegende Zahl der Funde, die in Nordamerika und Zentralasien gemacht wurden, stammt aus der Oberkreide. Auch die Fabrosaurier und Heterodontosaurier waren Pflanzenfresser, die aufrecht auf ihren langen, schlanken Beinen gingen.

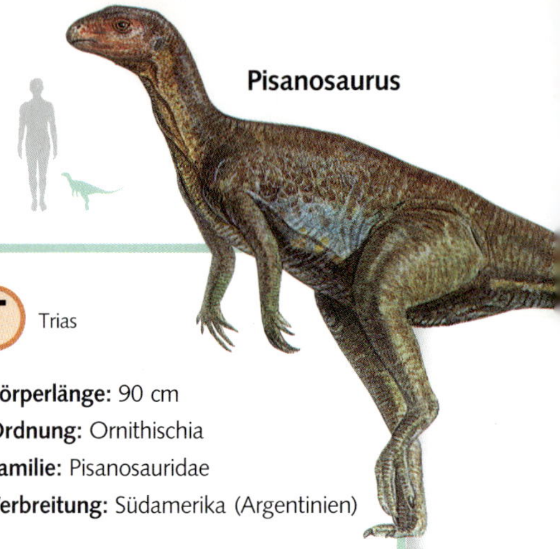

Pisanosaurus

T Trias

Körperlänge: 90 cm
Ordnung: Ornithischia
Familie: Pisanosauridae
Verbreitung: Südamerika (Argentinien)

Heterodontosaurus

Obwohl der Heterodontosaurus äußerlich den Fabrosauriern glich, hatte er völlig andere Zähne. Im Unterschied zu den meisten anderen Reptilien konnte man bei ihm drei Arten von Zähnen feststellen. Mit den spitzen Vorderzähnen zupfte er Blätter ab und zerkaute sie dann mit den großen Backenzähnen. Dazwischen saßen zwei Paar lange Eckzähne.

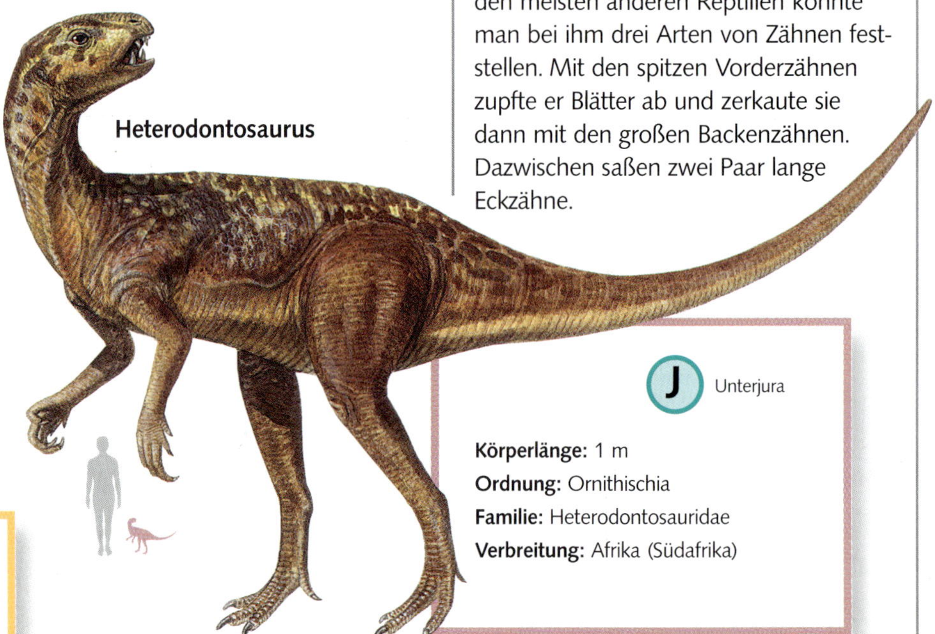

Heterodontosaurus

J Unterjura

Körperlänge: 1 m
Ordnung: Ornithischia
Familie: Heterodontosauridae
Verbreitung: Afrika (Südafrika)

Lesothosaurus

Dieser kleine, eidechsenartige Fabrosaurier hatte lange Beine, kurze Arme und einen schlanken Schwanz. Er ging aufrecht auf den Hinterbeinen und konnte seinen Feinden durch rasche Flucht über die afrikanischen Ebenen entkommen. Obwohl er ein Pflanzenfresser war, hatte er scharfe, wie kleine Pfeilspitzen geformte Zähne, mit denen er harte Blätter zerkleinerte.

J Unterjura

Körperlänge: 90 cm
Ordnung: Ornithischia
Familie: Fabrosauridae
Verbreitung: Afrika (Lesotho)

Lesothosaurus

Kr Oberkreide

Korperlange: 4 m
Ordnung: Ornithischia
Familie: Pachycephalosauridae
Verbreitung: Nordamerika (Alberta)

Stegoceras

Pisanosaurus

Von diesem kleinen Dinosaurier hat man nur wenige Fossilien gefunden, aber vielleicht gehört er zu den ältesten Ornithischia oder Vogelbeckensauriern. Er lebte während der Obertrias, Millionen von Jahren vor den eigentlichen Ornithischiern. Wahrscheinlich war er leicht gebaut und bewegte sich geschickt auf seinen beiden Hinterbeinen fort.

Stegoceras

Der verdickte Schädel des Stegoceras war am Hinterkopf mit Knochenhöckern und -knoten bedeckt. Trafen sich zwei Männchen zum Kopfstoß-Duell, dann senkten sie den Kopf und hielten Hals, Körper und Schwanz gerade. Der Schwanz bildete dabei das Gegengewicht zum Kopf.

Kr Oberkreide

Körperlänge: 2 m
Ordnung: Ornithischia
Familie: Pachycephalosauridae
Verbreitung: Nordamerika (Alberta)

Pachycephalosaurus

Dieser Dinosaurier, der größte Dickschädelsaurier, hatte einen bis zu 25 Zentimeter dicken Schädelknochen. Vermutlich diente der gewölbte Schädel als Schutz, wenn der Pachycephalosaurus mit männlichen Artgenossen um Weibchen kämpfte. Möglicherweise nahm mit dem Alter der Männchen auch die Dicke des Schädelknochens zu.

Prenocephale

Wie die anderen Dickschädelsaurier war auch der Prenocephale ein Pflanzenfresser, der sich von Blättern und Früchten ernährte. Er lief auf zwei Beinen, hatte Hände mit fünf Fingern, Füße mit drei Zehen und einen langen, schweren Schwanz. Sein gewölbter Schädel trug einen Kranz von Knochenstacheln und Buckeln.

Kr Oberkreide

Körperlänge: 2,40 m
Ordnung: Ornithischia
Familie: Pachycephalosauridae
Verbreitung: Asien (Mongolei)

Prenocephale

Pachycephalosaurus

Kr Oberkreide

Körperlänge: 3 m
Ordnung: Ornithischia
Familie: Homalocephalidae
Verbreitung: Asien (Mongolei)

Homalocephale

Die Familie der Homalocephaliden gehört zwar zu den Dickschädelsauriern, doch ihr Schädel war nicht so hoch gewölbt. Allerdings waren ihre Schädelknochen sehr dick und der Kopf mit Knochenhöckern bedeckt. Außerdem hatte der Homalocephale ungewöhnlich breite Hüften. Manche Wissenschaftler nehmen an, dass die Homalocephalen lebende Jungen zur Welt brachten.

Homalocephale

Hypsilophodonten

Die Hypsilophodonten waren schnell laufende Pflanzenfresser, die wahrscheinlich in Herden lebten. Bei Gefahr rannten sie aufrecht auf ihren schlanken Hinterbeinen davon. Die Hypsilophodonten, die vom Oberjura bis zum Ende der Kreide lebten, waren eine weit verbreitete Gruppe. Bis heute hat man ihre Fossilien in Nordamerika, Europa, Asien, Australien und der Antarktis gefunden. Ein Familienmerkmal waren die hohen Backenzähne mit Kauhöckern. So konnten sie die Pflanzennahrung zermahlen.

Parksosaurus

Kr Oberkreide

Körperlänge: 2,50 m
Ordnung: Ornithischia
Familie: Hypsilophodontidae
Verbreitung: Nordamerika (Kanada)

Hypsilophodon

Hypsilophodon

Eine Zeit lang nahmen die Forscher an, dass dieser Dinosaurier in Bäumen zu Hause war. Er habe so ähnlich ausgesehen wie die heutigen Baumkängurus. Nach neueren Untersuchungen weiß man jedoch, dass seine Füße nicht dafür geeignet waren, Zweige zu umfassen. Vielmehr war dieses Tier optimal für die Fortbewegung auf dem Boden ausgestattet.

Kr Unterkreide

Körperlänge: 1,50 m
Ordnung: Ornithischia
Familie: Hypsilophodontidae
Verbreitung: Nordamerika (South Dakota); Europa (England, Portugal)

Parksosaurus

Der Parksosaurus war einer der letzten Hypsilophodonten. Er kam bis zum Ende der Kreide vor. Obwohl er seinen Verwandten ähnlich sah, hatte er größere Augen als die meisten von ihnen. Besondere Knochen schützten seine Augäpfel. Wahrscheinlich fraß der Parksosaurus niedrige Pflanzen, die er mit seinem schmalen, schnabelartigen Kiefer abriss.

Dryosaurus

J Oberjura   Kr Unterkreide

Körperlänge: 3 m
Ordnung: Ornithischia
Familie: Hypsilophodontidae
Verbreitung: Westliches Nordamerika; Afrika (Tansania); Europa (England, Rumänien)

Dryosaurus

Der Dryosaurus war nicht nur einer der ersten, sondern auch einer der größten uns bekannten Hypsilophodonten. Wie seine Verwandten hatte auch er lange, für hohe Geschwindigkeiten geeignete Beine. Seine Schienbeine waren viel länger als die Oberschenkel. Jeder seiner schlanken Füße trug drei Zehen.

Leaellynasaura

Die Fossilien dieses Dinosauriers wurden 1987 im Süden von Australien gefunden. Das Gebiet gehörte einst zum polaren Teil des Gondwanalandes. Daher muss der Leaellynasaura an lange, dunkle Winter und Frost angepasst gewesen sein. Seine Augenhöhlen und der Gehirnabschnitt, der für das Sehen zuständig ist, waren ungewöhnlich groß. Deshalb nimmt man an, dass er ausgezeichnet sehen konnte.

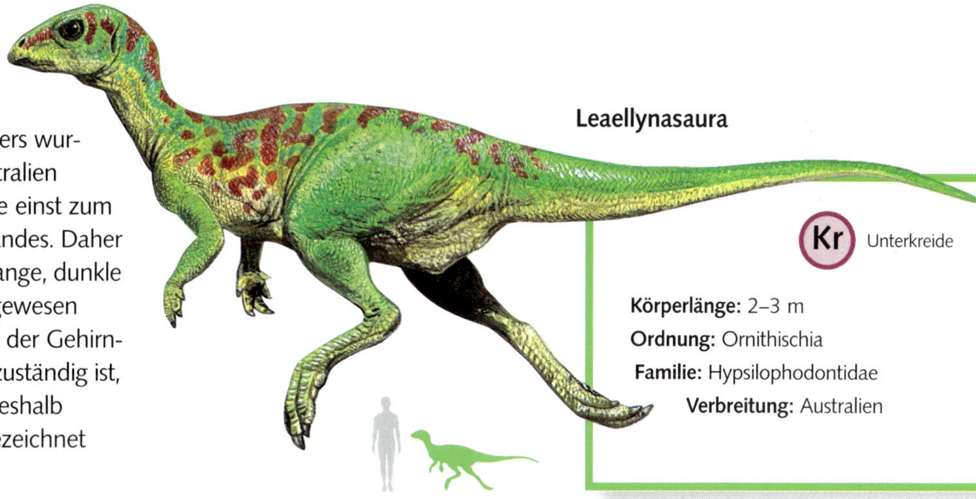

Leaellynasaura

Kr Unterkreide

Körperlänge: 2–3 m
Ordnung: Ornithischia
Familie: Hypsilophodontidae
Verbreitung: Australien

Othnielia

Thescelosaurus

Der Thescelosaurus war nicht nur massiger als die meisten seiner Verwandten, er hatte auch Zähne vorn im Oberkiefer. Der Aufbau seiner Beine – Schienbeine und Oberschenkel waren gleich lang – lässt vermuten, dass er sich langsamer bewegte als die übrigen Hypsilophodonten. Dafür trug er aber Reihen von Knochenbuckeln auf seinem Rücken, die ihn vielleicht vor Feinden schützten.

Othnielia

Dieser typische Hypsilophodont hatte lange Beine, einen leichten Körperbau, kurze Arme und Hände mit je fünf Fingern. Ursprünglich war er als Nanosaurus bekannt, doch man hat ihn dem amerikanischen Fossiliensammler, Professor Othniel Charles Marsh, zu Ehren umbenannt. Damit wollte man die Arbeit dieses Gelehrten aus dem 19. Jahrhundert würdigen.

J Oberjura

Körperlänge: 1,40 m
Ordnung: Ornithischia
Familie: Hypsilophodontidae
Verbreitung: Nordamerika (Utah, Wyoming)

Thescelosaurus

Kr Oberkreide

Körperlänge: 3,50 m
Ordnung: Ornithischia
Familie: Hypsilophodontidae
Verbreitung: Nordamerika (Alberta, Montana, Saskatchewan, Wyoming)

Tenontosaurus

Der Tenontosaurus war viel massiger gebaut als die meisten seiner Verwandten. Sein mächtiger Schwanz machte die Hälfte der Körperlänge aus. Meistens bewegte er sich auf allen vieren, hatte aber längere Arme als andere Hypsilophodonten. Die dolchartigen Krallen an den Füßen setzte er gegen Angreifer ein.

Kr Unterkreide

Körperlänge: 7,30 m
Ordnung: Ornithischia
Familie: Hypsilophodontidae
Verbreitung: Nordamerika (Arizona, Montana, Oklahoma)

Tenontosaurus

Iguanodonten

Die Iguanodonten waren Pflanzen fressende Dinosaurier. Sie erschienen im Jura und breiteten sich auf der ganzen Erde aus. Es waren gewaltige Tiere mit schweren Knochen, kräftigen Beinen und hufartigen Nägeln an den Füßen. Die fünf Finger an jeder Hand ihrer kurzen Arme konnten sie beim Gehen auf allen vieren weit spreizen. Der Daumen stand wie ein Stachel von der Hand ab und wurde möglicherweise zur Verteidigung eingesetzt. Drei der übrigen Finger trugen hufartige Nägel, während der fünfte, kleine Finger über die Handfläche gelegt werden konnte, um nach Nahrung zu greifen.

Muttaburrasaurus

Die Fossilien dieses Iguanodonten fand man 1981 in Australien. Daher nannte man den Saurier nach dem australischen Ort Muttaburra. Die Funde zeigen, dass der Muttaburrasaurus direkt vor den Augen einen Knochenbuckel trug. Möglicherweise lockte er damit während der Paarungszeit einen Partner an.

Kr Unterkreide

Körperlänge: 7,30 m
Ordnung: Ornithischia
Familie: Iguanodontidae
Verbreitung: Australien (Queensland)

Muttaburrasaurus

Vectisaurus

Vectisaurus

Der Vectisaurus war nah mit dem Iguanodon verwandt. Er lebte zur gleichen Zeit in derselben Region der Erde. Die beiden sahen fast gleich aus, doch Vectisaurus war kleiner und hatte einen Kamm aus Wirbelfortsätzen auf dem Rücken.

Kr Unterkreide

Körperlänge: 4 m
Ordnung: Ornithischia
Familie: Iguanodontidae
Verbreitung: Europa (England)

Ouranosaurus

Der Ouranosaurus trug auf seinem Rücken eine Reihe von Wirbelfortsätzen. Vermutlich waren sie mit Haut bedeckt und bildeten eine Art Segel. Damit konnte dieser Dinosaurier seine Körpertemperatur regeln. Drehte er das Segel in die Sonne, wurde es von der Sonne erwärmt.

Kr Unterkreide

Korperlange: / m
Ordnung: Ornithischia
Familie: Iguanodontidae
Verbreitung: Afrika (Nigeria)

Ouranosaurus

Iguanodon

Iguanodon

Der Iguanodon war der zweite Dinosaurier, der entdeckt wurde. 1809 fand man in Südengland einen Teil seines Beinknochens. Wie versteinerte Fußspuren belegen, lebte Iguanodon in Herden und bewegte sich wahrscheinlich nur langsam. Die meiste Zeit bewegte er sich wahrscheinlich auf allen vieren, aber er konnte sich auch auf seine Hinterbeine stellen und so höhere Pflanzen abweiden.

Kr Unterkreide

Körperlänge: 9 m
Ordnung: Ornithischia
Familie: Iguanodontidae
Verbreitung: Europa (Belgien, Deutschland, England); Nordamerika (Utah); Afrika (Tunesien); Asien (Mongolei)

Probactrosaurus

Probactrosaurus

Wie alle Iguanodonten hatte auch der Probactrosaurus einen kräftigen, zahnlosen Schnabel. Damit rupfte er seine Pflanzennahrung aus. Weiter hinten im Kiefer saßen Zähne mit Höckern für das Zermahlen der Nahrung. Fiel ein Zahn aus, wuchs ein neuer nach.

Kr Unterkreide

Körperlänge: 6 m
Ordnung: Ornithischia
Familie: Iguanodontidae
Verbreitung: Asien (China)

Camptosaurus

Der Camptosaurus war ein früher Vertreter der Iguanodonten. Er hatte vier Zehen an jedem Fuß – andere Iguanodonten dagegen nur drei – und einen kaum entwickelten Daumenstachel. Wie seine Verwandten hatte auch er kleine Hufe an Fingern und Zehen.

Camptosaurus

J Oberjura

Körperlänge: 6 m
Ordnung: Ornithischia
Familie: Iguanodontidae
Verbreitung: Europa (England, Portugal); Nordamerika

Rhabdodon

Stellten sich die Iguanodonten, wie dieser Rhabdodon, auf die Hinterbeine, so hielten sie den langen Schwanz ausgestreckt, um das Gewicht ihres schweren Körpers auszugleichen. Der Rhabdodon lebte auf einer vulkanischen Inselgruppe, die an der Stelle lag, an der sich heute Europa befindet.

Rhabdodon

Kr Unterkreide

Körperlänge: 4 m
Ordnung: Ornithischia
Familie: Iguanodontidae
Verbreitung: Europa (Frankreich, Rumänien)

Familienleben

Wie die heutigen Reptilien und Vögel legten die meisten Dinosaurier hartschalige Eier, in denen ihre Jungen heranwuchsen. Obwohl man viele fossile Eier gefunden hat, ließen sich nur wenige einer Art zuordnen. Wenn sie bestimmt werden konnten, war auch festzustellen, dass sich die Dinosaurier um ihre Eier und Jungen kümmerten. So fand man im Nest von einem Troödon Eier, die sorgfältig kreisförmig, mit der Spitze nach innen abgelegt waren. Dieses Nest war auch von einem schützenden niedrigen Wall umgeben. Einen fossilen Oviraptor fand man sogar brütend auf seinen Eiern.

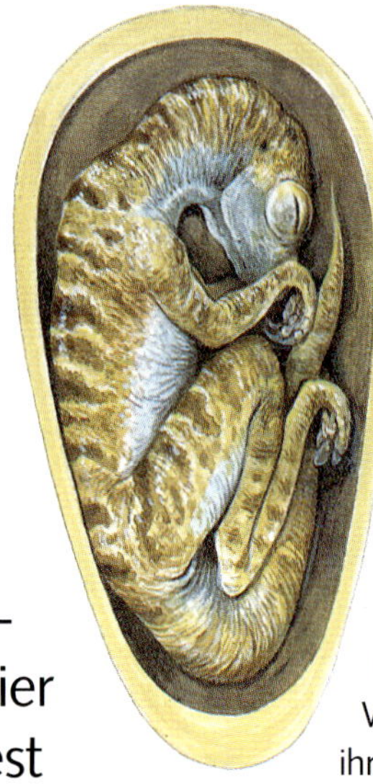

Die Eier

Die Eier von Entenschnabeldinosauriern waren etwa 18 Zentimeter lang und hatten eine kräftige, wasserdichte Schale, um das im Innern heranwachsende Junge zu schützen. Frisch geschlüpfte Maiasaurier waren etwa 30 Zentimeter lang. Die Beinknochen der Jungen waren schwach. Mit ihnen konnten die Jungen keine weiten Strecken zurücklegen. Wahrscheinlich blieben sie deshalb mehrere Wochen im Nest und wurden von ihren Eltern gefüttert.

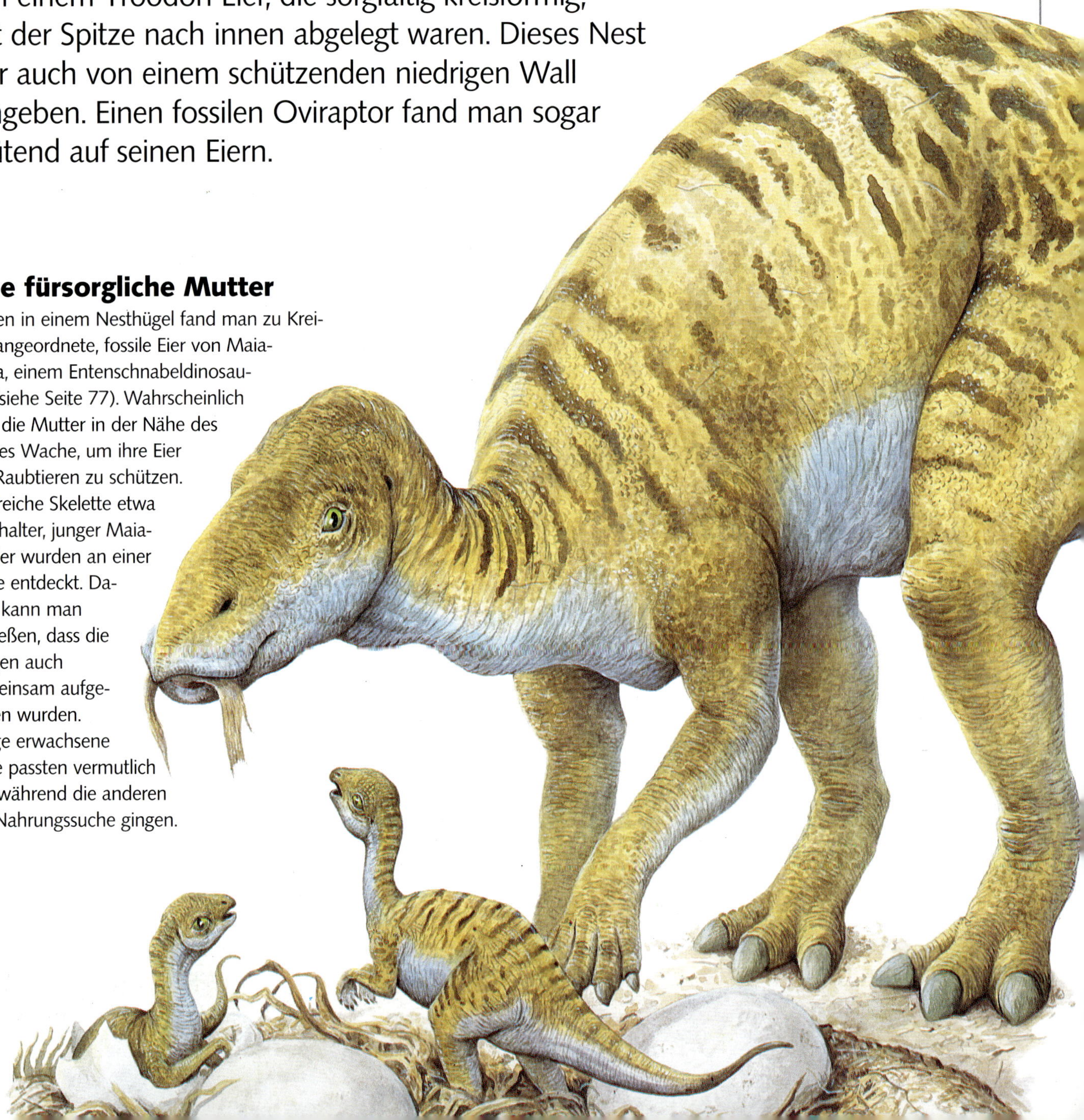

Eine fürsorgliche Mutter

Mitten in einem Nesthügel fand man zu Kreisen angeordnete, fossile Eier von Maiasaura, einem Entenschnabeldinosaurier (siehe Seite 77). Wahrscheinlich hielt die Mutter in der Nähe des Nestes Wache, um ihre Eier vor Raubtieren zu schützen. Zahlreiche Skelette etwa gleichalter, junger Maiasaurier wurden an einer Stelle entdeckt. Daraus kann man schließen, dass die Jungen auch gemeinsam aufgezogen wurden. Einige erwachsene Tiere passten vermutlich auf, während die anderen auf Nahrungssuche gingen.

Kämpfende Dickschädelsaurier

Dinosaurier, wie die „Dickschädelsaurier" (siehe Seite 68–69), lebten wahrscheinlich in Herden. Während der Paarungszeit bekämpften sich die Männchen heftig, indem sie einander mit den Köpfen rammten. Der Sieger gewann die Weibchen oder wurde Leittier der Gruppe. Genauso machen es heute noch einige Herdentiere, wie die Bergziegen.

Diese versteinerten Eier sind Eier des Oviraptors. Man hat sie neben einigen anderen Gelegen in der Wüste Gobi (Mongolei) entdeckt. Manche dieser Gelege enthielten bis zu 22 Eier.

Gemeinsam unterwegs

Versteinerte Fußspuren und Knochen beweisen, dass viele Pflanzen fressende Dinosaurier in Herden lebten. Auch für die Pflanzenfresser unserer Zeit bedeutet ein Leben in der Gruppe einen besseren Schutz vor Raubtieren. Die Entenschnabeldinosaurier konnten sich vielleicht über besondere Rufe verständigen oder in der Balz Partner anlocken. Ihre unterschiedlich geformten Kämme haben vielleicht als Schallröhre diese Rufe verstärkt. Möglicherweise dienten sie auch als Erkennungssignal für Artgenossen. Die Weibchen hatten kleinere Kämme als die Männchen.

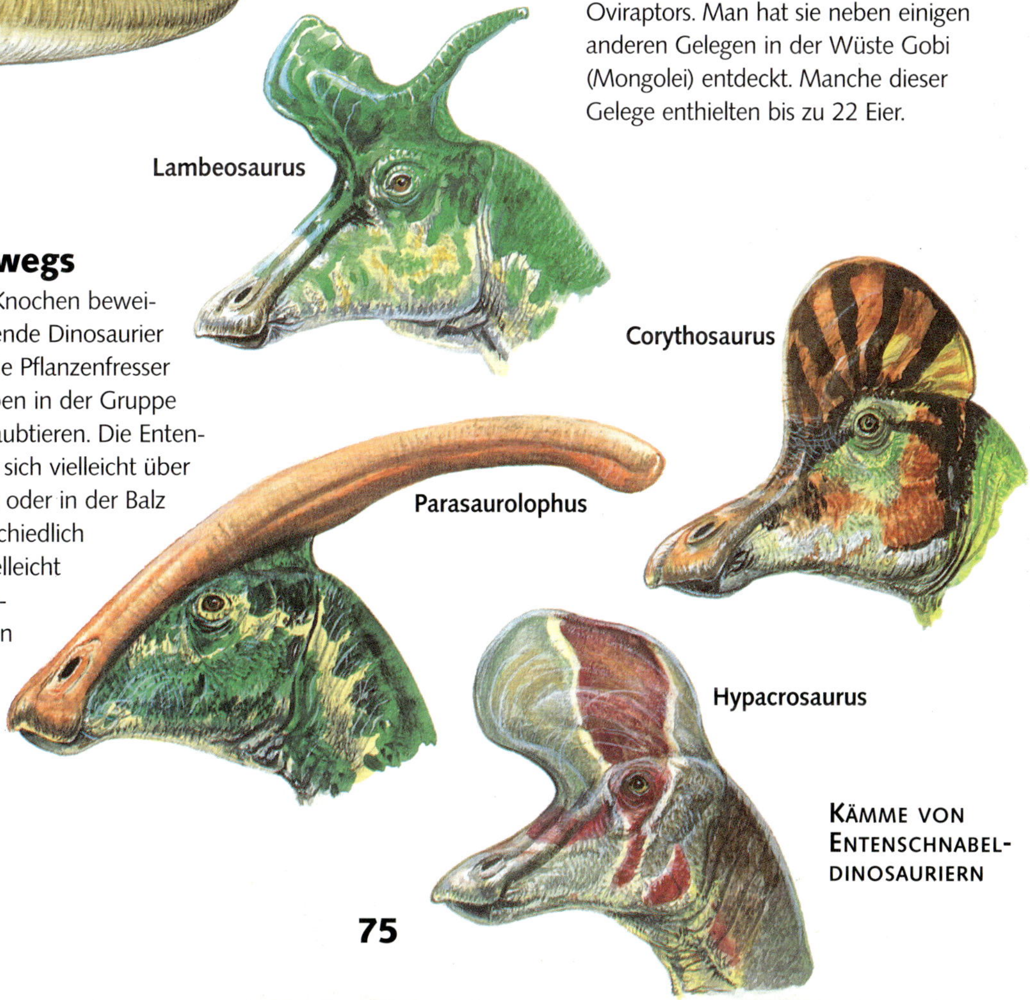

KÄMME VON ENTENSCHNABELDINOSAURIERN

Entenschnabel-dinosaurier

Die Hadrosaurier oder Entenschnabeldinosaurier bilden in der Oberkreide eine der größten und vielfältigsten Dinosauriergruppen. Sie kamen besonders häufig in Nordamerika und Asien vor. Alle hatten lange Hinter- und kurze Vorderbeine. Wurden sie angegriffen, richteten sie sich auf und rannten auf den Hinterbeinen weg. Vermutlich lebten sie in Herden und nisteten in der Gruppe. Während die meisten Hadrosaurier flache Köpfe hatten, trugen manche merkwürdig geformte Hörner, Kämme oder Helme aus Knochen auf dem Kopf.

Anatosaurus

Anatosaurus

In den Mägen von zwei mumifizierten Anatosauriern fand man Kiefernnadeln, Zweige, Samen und Früchte. Vielleicht richtete er sich, wie andere Hadrosaurier, auf den Hinterbeinen auf und pflückte sich Nahrung von den Bäumen.

Kr Oberkreide

Körperlänge: 10 m
Ordnung: Ornithischia
Familie: Hadrosauridae
Verbreitung: Nordamerika (Alberta)

Bactrosaurus

Bactrosaurus

Er ist der älteste uns bekannte Entenschnabeldinosaurier. Die Gruppe kam in der Oberkreide etwa zur gleichen Zeit auf, in der sich auch die Blütenpflanzen verbreiteten. Wahrscheinlich begünstigte dieses reiche Nahrungsangebot die Ausbreitung der Entenschnäbler.

Kr Oberkreide

Körperlänge: 4 m
Ordnung: Ornithischia
Familie: Hadrosauridae
Verbreitung: Asien (Mongolei, China)

Edmontosaurus

Wie alle Hadrosaurier hatte auch der Edmontosaurus einen zahnlosen Schnabel, mit dem er Pflanzen abriss. Mit den rund tausend Zähnen im Ober- und Unterkiefer konnte er sie dann zermahlen. Waren die Zähne abgenutzt, so wuchsen neue nach und ersetzten die alten Zähne. Edmontosaurus hatte einen starken, aber biegsamen Hals, sodass er auch niedrige Pflanzen abreißen konnte.

Shantungosaurus

Der Shantungosaurus war einer der größten uns bekannten Hadrosaurier. Er hatte einen besonders langen Schwanz, der fast halb so lang wie der gesamte Körper war. Da er breit und seitlich abgeflacht war, streckte ihn der Dinosaurier wahrscheinlich aus, wenn er aufrecht ging. So konnte er sein Körpergewicht ausbalancieren. Vermutlich konnte der Shantungosaurus bis zu 4,5 Tonnen schwer werden.

Kr Oberkreide

Körperlänge: 13 m
Ordnung: Ornithischia
Familie: Hadrosauridae
Verbreitung: Asien (China)

Edmontosaurus

Kr Oberkreide

Körperlänge: 13 m
Ordnung: Ornithischia
Familie: Hadrosauridae
Verbreitung: Nordamerika (Alberta, Montana)

Hadrosaurus

Kr Unterkreide

Körperlänge: 9 m
Ordnung: Ornithischia
Familie: Hadrosauridae
Verbreitung: Nordamerika (Montana, New Jersey, New Mexico, South Dakota)

Hadrosaurus

Dieser Entenschnabeldinosaurier war der erste Dinosaurier, den man in Nordamerika fand. Seine Knochen wurden in New Jersey entdeckt. Wie der Kritosaurus hatte auch der Hadrosaurus einen flachen Schädel. Ihm fehlte zwar ein Kamm, aber er trug einen großen Knochenbuckel auf der Schnauze.

Kritosaurus

Warum flachköpfige Dinosaurier, wie der Kritosaurus, Knochenbuckel auf den Schnauzen trugen, ist nicht bekannt. Vermutlich kamen sie nur bei den Männchen vor und dienten während der Paarungszeit dazu, Weibchen anzulocken.

Maiasaura

Kr Oberkreide

Körperlänge: 9 m
Ordnung: Ornithischia
Familie: Hadrosauridae
Verbreitung: Nordamerika (Montana)

Maiasaura

Der Nistplatz eines Maiasaura, den man in Montana entdeckte, war der Beweis dafür, dass einige Dinosaurier Brutpflege betrieben. Die Weibchen nisteten in Gruppen und kehrten vielleicht, wie die heutigen Schildkröten und manche Vögel, Jahr für Jahr an denselben Brutort zurück. Möglicherweise kümmerten sich die Dinosaurier auch gemeinsam um die Jungen. Einige hielten Wache, während die anderen auf Nahrungssuche gingen.

Kritosaurus

Kr Oberkreide

Körperlänge: 9 m
Ordnung: Ornithischia
Familie: Hadrosauridae
Verbreitung: Nordamerika (Alberta, Montana, New Mexico)

Shantungosaurus

Protohadros

Protohadros

Der Protohadros wurde in Texas entdeckt, das in der Urzeit von weiten Feuchtgebieten bedeckt war. Er ist der älteste uns bekannte Entenschnabeldinosaurier. Da man ihn in den Vereinigten Staaten von Amerika gefunden hat, hat sich diese Gruppe wahrscheinlich nicht, wie früher vermutet, in Asien entwickelt.

Kr Oberkreide

Körperlänge: bis 6 m
Ordnung: Ornithischia
Familie: Hadrosauridae
Verbreitung: Nordamerika (Texas)

Saurolophus

Das Gesicht dieses Entenschnabeldinosauriers krümmte sich von der breiten Schnauze aufwärts bis zu einem Knochenkamm auf seinem Kopf. Vielleicht saß an diesem Kamm eine Nasenhöhle. Damit hätte dieser Dinosaurier seine Rufe verstärken können.

Saurolophus

Kr Oberkreide

Körperlänge: 9 m
Ordnung: Ornithischia
Familie: Hadrosauridae
Verbreitung: Nordamerika (Alberta, Kalifornien); Asien (Mongolei)

Pisanosaurus

Kr Oberkreide

Körperlänge: 9 m
Ordnung: Ornithischia
Familie: Hadrosauridae
Verbreitung: Nordamerika (Alberta, New Mexico, Utah)

Parasaurolophus

Auf dem Kopf dieses Dinosauriers saß ein prachtvoller, fast 2 Meter langer, nach hinten gerichteter Kamm oder Knochenzapfen. Er war innen hohl und diente wahrscheinlich als Schallröhre für das dröhnende Gebrüll des Dinosauriers.

Tsintaosaurus

Ein Knochenzapfen wuchs auf dem Kopf dieses Entenschnabeldinosauriers. Er ragte zwischen den Augen empor und war an der Spitze eingekerbt. Über die genaue Lage und Aufgabe dieses „Horns" sind sich die Forscher nicht einig. Einige nehmen an, dass es mit einem Hautlappen verbunden war, der als Signal für die anderen Herdenmitglieder oder bei der Balz hin und her geschwungen wurde.

Prosaurolophus

Kr Oberkreide

Körperlänge: 8 m
Ordnung: Ornithischia
Familie: Hadrosauridae
Verbreitung: Nordamerika (Alberta)

Prosaurolophus

Dieser Entenschnabeldinosaurier trug einen niedrigen Knochenkamm, der von der flachen Schnauzenspitze bis auf den Kopf reichte. Er endete mit einem kleinen Knochenbuckel. Wie andere Mitglieder seiner Familie hatte auch Prosaurolophus einen zahnlosen Schnabel, mit dem er Pflanzen abzupfte.

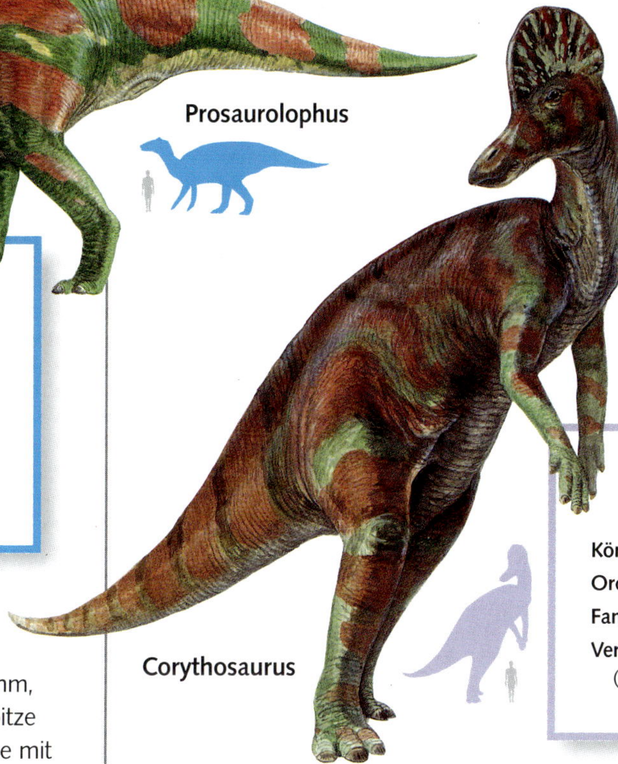

Corythosaurus

Corythosaurus

Ein spektakulärer, fächerförmiger Kamm machte den Kopf dieses Entenschnabeldinosauriers unverwechselbar. Man hat Kämme von unterschiedlicher Größe gefunden. Vielleicht hatten Jungtiere oder Weibchen kleinere Kämme.

Kr Oberkreide

Körperlänge: 9 m
Ordnung: Ornithischia
Familie: Hadrosauridae
Verbreitung: Nordamerika (Alberta, Montana)

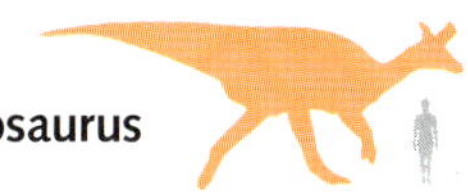

Lambeosaurus

Lambeosaurus

Wie alle Mitglieder seiner Familie weidete auch der Lambeosaurus auf allen vieren. Er konnte sich jedoch auf die Hinterbeine erheben und wegrennen, wenn er bedroht wurde. Vorn auf seinem Kopf saß ein hohler Kamm. Ein massiver Knochenstachel wies nach hinten.

Kr Oberkreide

Körperlänge: 9 m
Ordnung: Ornithischia
Familie: Hadrosauridae
Verbreitung: Nordamerika (z. B. Kalifornien, Montana)

Tsintaosaurus

Kr Oberkreide

Körperlänge: 10 m
Ordnung: Ornithischia
Familie: Hadrosauridae
Verbreitung: Asien (China)

Hypacrosaurus

Der Hypacrosaurus trug, ähnlich wie der Corythosaurus, einen halbkreisförmigen Kamm auf dem Kopf. Außerdem saßen auf seinem Rücken lange Wirbelfortsätze, die vielleicht von Haut überzogen waren. Hielt er die so aufgespannte Haut in die Sonne, erwärmte sich sein Blut.

Kr Oberkreide

Körperlänge: 9 m
Ordnung: Ornithischia
Familie: Hadrosauridae
Verbreitung: Nordamerika (Alberta, Montana)

Hypacrosaurus

Stegosaurier

Die Stegosaurier waren Pflanzenfresser. Ein typischer Stegosaurier hatte einen kleinen Kopf, einen mächtigen Körper und einen schweren Schwanz, der mit langen Stacheln besetzt war. Besonders bemerkenswert waren aber Reihen von großen, dreieckigen Platten auf dem Rücken. Es gibt mehrere Theorien, welchen Zweck diese Platten erfüllten. Viele Forscher nehmen an, dass sie dabei halfen, die Körpertemperatur zu regulieren. Vielleicht waren sie mit Haut überzogen. Drehten sich die Stegosaurier in die Sonne, erwärmte sich das Blut in der Haut über den Platten. Wandte sich der Dinosaurier dagegen von der Sonne ab oder hielt er den Rücken in den Wind, so kühlte sich das Blut wieder ab und die Körpertemperatur sank.

Scutellosaurus

Scutellosaurus

Dieser Dinosaurier ist ein früher Vertreter der Stegosaurier. Über seinen Rücken und die Flanken erstreckten sich Reihen von Knochenbuckeln. Vielleicht schützten sie das Tier vor Angreifern. Der Schwanz machte die Hälfte der Körperlänge aus und konnte wahrscheinlich ausgestreckt werden. So hielt der Saurier das Gleichgewicht, wenn er auf zwei Beinen rannte.

J Oberjura

Körperlänge: 7 m
Ordnung: Ornithischia
Familie: Stegosauridae
Verbreitung: Asien (China)

Tuojiangosaurus

Dieser chinesische Stegosaurier hatte einen massigen Körper mit einem kleinen, schmalen Kopf. Über seinen Rücken zogen sich zwei Reihen mit je 15 Knochenplatten, die zu den Hüften hin größer und stacheliger wurden. Mit den langen Stacheln auf dem Schwanz konnte er sich gegen Angreifer wehren. Der Tuojiangosaurus war der erste Stegosaurier, der in Asien gefunden wurde.

Tuojiangosaurus

Wuerhosaurus

Von diesem Dinosaurier hat man nur ein paar Knochen und Platten gefunden. Daher ist nicht bekannt, wie er aussah. Der Wuerhosaurus gehört zu den wenigen Stegosauriern, die bis zur Unterkreide überlebten – die Gruppe starb gegen Ende des Jura aus.

Kr Unterkreide

Körperlänge: 6 m
Ordnung: Ornithischia
Familie: Stegosauridae
Verbreitung: Asien (China)

Wuerhosaurus

Stegosaurus

Stegosaurus ist einer der größten uns bekannten Stegosaurier. Er trug auf seinem Rücken eine Doppelreihe von Knochenplatten, die bis zu 60 Zentimeter hoch werden konnten. Sein schwerer Schwanz war mit bis zu 1 Meter langen Stacheln bewaffnet.

J Unterjura

Körperlänge: 1,20 m
Ordnung: Ornithischia
Familie: Scelidosauridae
Verbreitung: Nordamerika (Arizona)

Scelidosaurus

Scelidosaurus

Der Scelidosaurus war einer der ersten Vogelbeckensaurier (Ornithischia) und vielleicht ein früher Vertreter der Stegosaurier. Er hatte einen kleinen Kopf, einen zahnlosen Schnabel und weiter hinten im Kiefer kleine Zähne. Sein massiger Körper war von Knochenplatten bedeckt, die Stachelreihen vom Hals bis zum Schwanz trugen.

Lexovisaurus

Manche Experten nehmen an, dass die Knochenplatten der Stegosaurier nicht die Körpertemperatur regulierten, sondern als Erkennungsmerkmal für Artgenossen und zur Anlockung von Paarungspartnern dienten. Die Platten und Stacheln waren bei jeder Art anders angeordnet. Der Lexovisaurus hatte zwei Reihen großer, dünner Platten.

J Unterjura

Körperlänge: 4 m
Ordnung: Ornithischia
Familie: Scelidosauridae
Verbreitung: Europa (England)

Kentrosaurus

Stegosaurus

J Oberjura

Körperlänge: 9 m
Ordnung: Ornithischia
Familie: Stegosauridae
Verbreitung: Nordamerika (Colorado, Oklahoma, Utah, Wyoming)

J Mitteljura

Körperlänge: 5 m
Ordnung: Ornithischia
Familie: Stegosauridae
Verbreitung: Europa (England, Frankreich)

Lexovisaurus

J Oberjura

Körperlänge: 5 m
Ordnung: Ornithischia
Familie: Stegosauridae
Verbreitung: Afrika (Tansania)

Kentrosaurus

Der Kentrosaurus war kleiner als der Stegosaurus, aber fast ebenso gut mit Knochenplatten und Stacheln bewaffnet. Wurde er angegriffen, konnte er seinen stachligen Schwanz schwingen und seine Angreifer verletzen. Auch die langen Stacheln an den Hüften schützten ihn vor Feinden.

Kreide

Während der Kreidezeit, die vor 146 Millionen Jahren begann, veränderte sich die Pflanzenwelt durch das Aufkommen der Blütenpflanzen. Diese kleinen Kräuter, Sträucher und Laub abwerfenden Bäume verdrängten die Farne und Palmfarne. Nun gab es mehr Nahrung als jemals zuvor, sodass sich die Pflanzenfresser, wie gehörnte Dinosaurier und Entenschnabeldinosaurier, stark vermehrten. Zusammen mit den Blütenpflanzen entwickelten sich auch bestäubende Insekten und viele neue Säugetier- und Vogelarten.

Nordamerika zur Kreidezeit

So könnte es im heutigen Montana (Nordamerika) zur Kreidezeit gewesen sein: Ein weiblicher Entenschnabeldinosaurier schlägt Alarm, als er zum Nest kommt und sieht, wie ein Troödon seine Eier stiehlt. Eidechsen und frühe Säugetiere rennen umher, während sich ein Tyrannosaurier einer Gruppe weidender gehörnter Dinosaurier nähert.

Die Erde zur Kreidezeit

In der Kreide bewegten sich die Landmassen der Erde weiter auseinander. Gegen Ende dieser Periode hatten die Landmassen fast ihre heutige Lage erreicht. Das Klima war warm und es gab größere Unterschiede zwischen den Jahreszeiten. Auf den verschiedenen Kontinenten entwickelten sich die Dinosaurier ganz unterschiedlich weiter.

Legende

- Meer
- Land
- Von Wasser bedeckte Kontinente

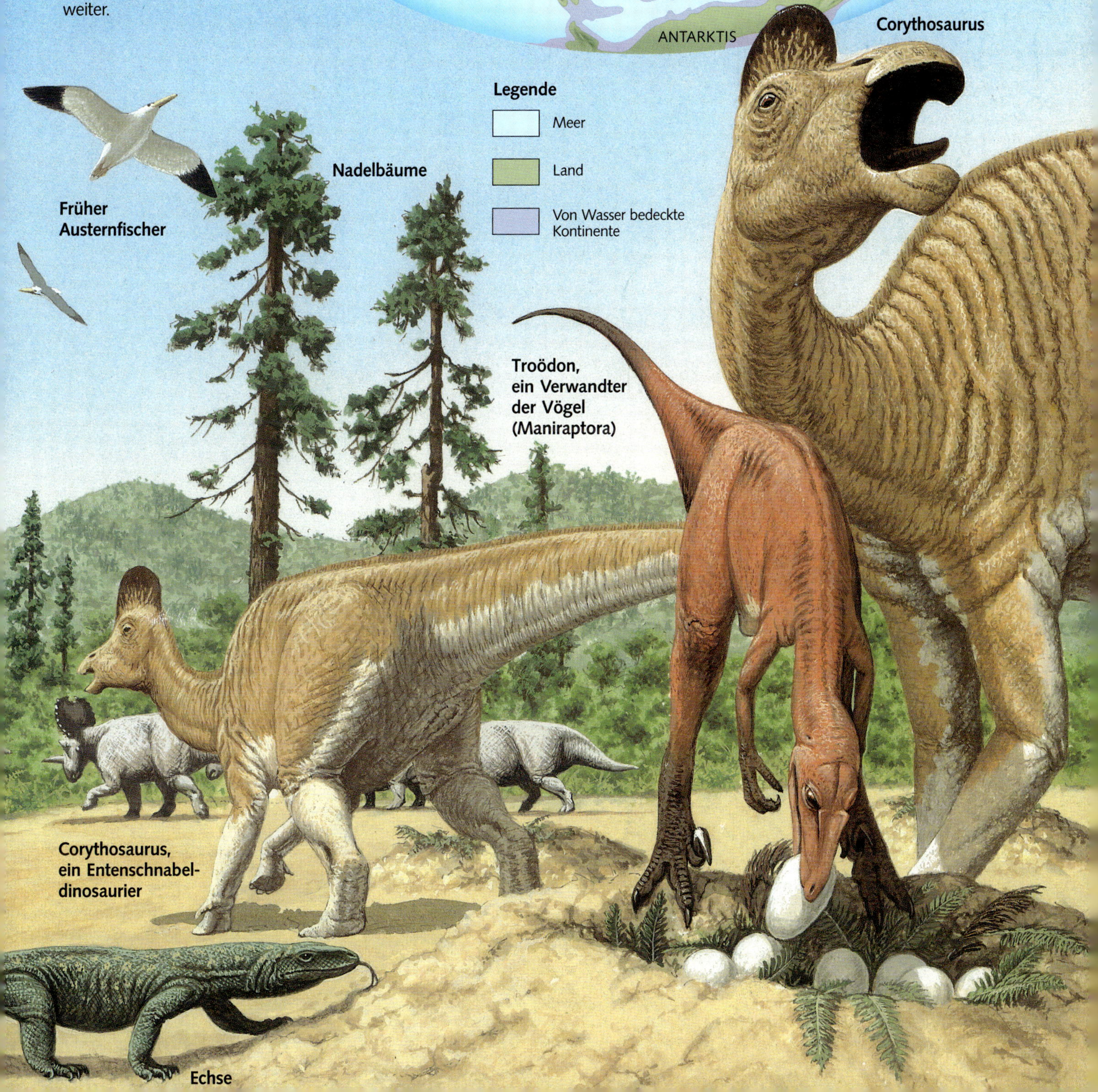

Panzerdinosaurier

In der Kreide gab es zwei Gruppen von Panzerdinosauriern – die Nodosaurier und die Ankylosaurier. Bei beiden Gruppen waren Hals, Rücken, Flanken und Schwanz mit flachen Knochenplatten bedeckt und von dicker, ledriger Haut überzogen. Nodosaurier hatten schmale Schädel. An ihren Körperflanken setzten lange Stacheln an. Die Ankylosaurier hatten breitere Schädel und trugen am Schwanzende eine keulenartige Knochenkugel. Wurden sie angegriffen, schwangen sie den Schwanz hin und her und konnten so den Angreifer schwer verletzen. Die Ankylosaurier fraßen mit ihren breiten Schnauzen wahrscheinlich alle niedrigen Pflanzen, die sie finden konnten. Die Nodosaurier wählten mit den schmaleren Schnauzen vielleicht besondere Blätter aus.

Panoplosaurus

Kr Oberkreide

Körperlänge: 4,50 m
Ordnung: Ornithischia
Familie: Nodosauridae
Verbreitung: Nordamerika (Alberta, Montana, South Dakota, Texas)

Panoplosaurus

Dieser Nodosaurier trug einen mächtigen Panzer aus breiten Knochenplatten am Hals und an den Schultern. Der restliche Körper war von kleineren Knochenhöckern bedeckt. Die Flanken wurden durch lange Stacheln geschützt und auch der Kopf trug einen Panzer aus dicken Knochenplatten.

Euoplocephalus

Kr Oberkreide

Körperlänge: 5,50 m
Ordnung: Ornithischia
Familie: Ankylosauridae
Verbreitung: Nordamerika (Alberta)

Euoplocephalus

Der Euoplocephalus trug – wie die anderen Ankylosaurier – eine keulenartige Knochenverdickung an seinem Schwanzende, die über 27 Kilogramm wiegen konnte. Mit seinen kräftigen Lendenmuskeln konnte er den bewehrten Schwanz hin und her schwingen und Angreifer abwehren.

Hylaeosaurus

Kr Unterkreide

Körperlänge: 6 m
Ordnung: Ornithischia
Familie: Nodosauridae
Verbreitung: Europa (England)

Hylaeosaurus

Hylaeosaurus gehörte zu den ersten Dinosauriern, die beschrieben und benannt wurden. Gideon Mantell, einer der ersten Dinosaurierforscher, fand dessen versteinertes Skelett um 1820 in Südengland. Noch immer sind die Knochen – so wie man sie fand – in dem Kalksteinblock eingeschlossen. Man rechnet den Hylaeosaurus zu den Nodosauriern.

Saichania

Wie bei den meisten Ankylosauriern war auch der Schädel des Saichania von einem Netzwerk aus Luftkanälen durchzogen. Vielleicht wurde dort die Atemluft angefeuchtet oder gekühlt, bevor sie die Lungen erreichte. Im Gebiet der heutigen Mongolei herrschte feuchtheißes Klima mit extremen Trockenzeiten.

Kr Oberkreide

Körperlänge: 7 m
Ordnung: Ornithischia
Familie: Ankylosauridae
Verbreitung: Asien (Mongolei)

Saichania

Talarurus

Kr Oberkreide

Körperlänge: 5 m
Ordnung: Ornithischia
Familie: Ankylosauridae
Verbreitung: Asien (Mongolei)

Talarurus

Genau wie die anderen Panzerdinosaurier fraß der Talarurus Pflanzen, die er mit seinem zahnlosen Maul abriss. Die Keule am Ende seines Schwanzes bestand aus zwei großen Knochenkugeln, die durch ein Gelenk miteinander verbunden waren. Dünne Knochenstäbe verstärkten den Schwanz.

Sauropelta

Der Sauropelta ist der größte uns bekannte Nodosaurier. Vermutlich konnte er ein Gewicht von bis zu 3 Tonnen haben. Sein Rücken wurde von hornbedeckten Knochenplatten geschützt und an den Flanken saßen Stacheln. Wegen seines Gewichts konnte sich der Sauropelta nur langsam fortbewegen, aber seine Panzerung wird die meisten Raubtiere abgeschreckt haben.

Kr Unterkreide

Körperlänge: 7,60 m
Ordnung: Ornithischia
Familie: Nodosauridae
Verbreitung: Nordamerika (Montana)

Sauropelta

Polacanthus

Von diesem Dinosaurier hat man nur wenige Überreste gefunden, aber man nimmt an, dass er schützende, große Stacheln an den Schultern und am Schwanz trug. An den Flanken saßen kleinere, mit Stacheln bedeckte Platten und die Hüften waren durch Knochenplatten geschützt. Vermutlich hat er sich – wie die anderen Ankylosaurier – bei Gefahr auf den Boden geduckt und auf seine schützende Panzerung vertraut.

Kr Unterkreide

Körperlänge: 4 m
Ordnung: Ornithischia
Familie: Nodosauridae
Verbreitung: Europa (England)

Polacanthus

Gehörnte Dinosaurier

Es gab drei Gruppen gehörnter Dinosaurier. Zuerst traten in der Unterkreide die „Papageienschnabeldinosaurier“ oder Psittacosaurier auf. Sie waren leicht gebaut und hatten auffallende Mäuler. In der Oberkreide erschienen die Protoceratopiden. Sie hatten schwerere Körper und zeigten Ansätze der schweren, knöchernen Schilde am Hinterkopf, die sich bei den späteren Ceratopiden so ausgeprägt entwickeln sollten. In der Oberkreide des westlichen Nordamerika stellten die Ceratopiden die Hauptgruppe der großen Pflanzenfresser dar. Diese gut gepanzerten Dinosaurier trugen lange, spitze Hörner auf ihren massigen Köpfen und Knochenschilde an den Hinterköpfen.

Bagaceratops

Kr Oberkreide

Körperlänge: 1 m
Ordnung: Ornithischia
Familie: Protoceratopidae
Verbreitung: Asien (Mongolei)

Bagaceratops

Dieser kleine Protoceratopide hatte einen gedrungenen Körper mit langem Schwanz und vier stämmigen Beinen. Am Nackenansatz trug er einen Knochenkamm und ein kurzes Horn mitten auf der Schnauze. Im Unterschied zu den anderen Protoceratopiden hatte er keine Zähne im Oberkiefer.

Microceratops

Kr Oberkreide

Körperlänge: 60 cm
Ordnung: Ornithischia
Familie: Protoceratopidae
Verbreitung: Asien (China, Mongolei)

Microceratops

Der Microceratops ist der kleinste uns bekannte gehörnte Dinosaurier. Er war leicht gebaut und konnte wahrscheinlich schnell rennen, denn seine Unterschenkel waren doppelt so lang wie seine Oberschenkel. Vermutlich bewegte er sich bei der Suche nach Pflanzen auf allen vieren, erhob sich aber bei Gefahr auf die Hinterbeine und rannte weg.

Psittacosaurus

Der Name dieses Dinosauriers, der „Papageien-Echse“ bedeutet, geht auf seinen papageienartigen, zahnlosen Hornschnabel zurück. Der Psittacosaurus lebte von Pflanzen, die er mit dem kräftigen Schnabel ausriss. Seitlich an seinem Kopf saßen Knochenkämme, aber er hatte noch keinen massiven Halsschild wie die späteren Ceratopiden.

Psittacosaurus

Kr Unterkreide

Körperlänge: 2,50 m
Ordnung: Ornithischia
Familie: Psittacosauridae
Verbreitung: Asien (China, Mongolei, Sibirien)

Montanoceratops

Obwohl er bereits ein ausgeprägtes Horn auf seiner Schnauze trug, gehört der Montanoceratops zu den Protoceratopiden und nicht zu den weiter entwickelten Ceratopiden. Sein Schwanz setzte ungewöhnlich hoch an, war biegsam und konnte hin und her geschwenkt werden. Vielleicht wurde er während der Paarungszeit zur Balz oder als Erkennungszeichen für Artgenossen eingesetzt.

Leptoceratops

Der Leptoceratops gehört zu den wenigen Protoceratopiden, die in Nordamerika gefunden wurden. Die meisten Vertreter dieser Familie lebten in Asien. Die Hinterbeine des Leptoceratops waren für den schnellen Lauf geeignet. Er konnte vermutlich auf zwei oder vier Beinen laufen. Mit den fünf krallenbewehrten Fingern an jeder Hand riss er wahrscheinlich Blätter ab und steckte sie sich ins Maul.

Kr Oberkreide

Körperlänge: 2,10 m
Ordnung: Ornithischia
Familie: Protoceratopidae
Verbreitung: Nordamerika (Alberta, Wyoming); Asien (Mongolei)

Leptoceratops

Protoceratops

Als ausgewachsenes Tier wog dieser Dinosaurier fast 180 Kilogramm. Mit seinem großen, knöchernen Halsschild und dem kraftvollen, schnabelförmigen Maul bot der Protoceratops einen beeindruckenden Anblick. Der große Buckel auf seiner Schnauze wurde wahrscheinlich bei Kämpfen mit männlichen Artgenossen eingesetzt.

Kr Oberkreide

Körperlänge: 2,70 m
Ordnung: Ornithischia
Familie: Protoceratopidae
Verbreitung: Asien (China, Mongolei)

Protoceratops

Montanoceratops

Kr Oberkreide

Körperlänge: 3 m
Ordnung: Ornithischia
Familie: Protoceratopidae
Verbreitung: Nordamerika (Montana)

Chasmosaurus

Dieser gehörnte Dinosaurier trug einen mächtigen Knochenschild, der am Hinterkopf ansetzte und Hals und Schultern schützte. Ein so auffälliger Kragen war wahrscheinlich den Feinden eine Warnung und lockte die Weibchen an.

Kr Oberkreide

Körperlänge: 5,20 m
Ordnung: Ornithischia
Familie: Ceratopsidae
Verbreitung: Nordamerika (Alberta)

Chasmosaurus

Anchiceratops

Dieser gehörnte Dinosaurier lebte gegen Ende der Oberkreide und hatte einen etwas schlankeren Körper als manche seiner Verwandten. Sein Körper war länger und der Knochenschild schmaler. Er ernährte sich, wie die anderen gehörnten Dinosaurier, von Pflanzen, die er mit seinem scharfen, zahnlosen Schnabel abriss.

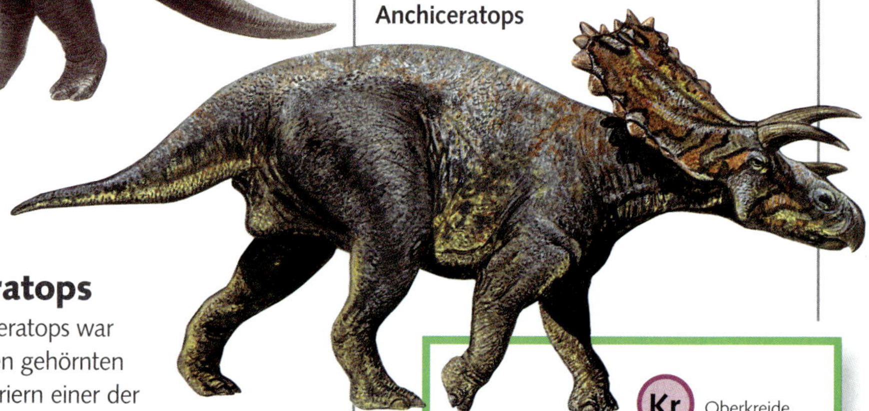

Anchiceratops

Kr Oberkreide

Körperlänge: 6 m
Ordnung: Ornithischia
Familie: Ceratopsidae
Verbreitung: Nordamerika (New Mexico)

Pentaceratops

Pentaceratops

Wie der Chasmosaurus trug auch dieser gehörnte Dinosaurier einen riesigen Nackenschild mit einem Kranz aus kleinen Stacheln. Mehrere Öffnungen in der Knochenoberfläche machten den Schild leichter. Der Name dieses Dinosauriers bedeutet „Fünfhorn-Gesicht“, da Forscher annahmen, er habe Hörner auf den Wangen und auf der Schnauze getragen. Dabei handelt es sich aber um verlängerte Wangenknochen.

Triceratops

Der Triceratops war unter den gehörnten Dinosauriern einer der größten und mit am weitesten verbreitet. Er konnte ein Gewicht von 10 Tonnen erreichen. Wie andere Tiere aus dieser Familie lebte der Triceratops wahrscheinlich in Herden. Weil man viele beschädigte Schädel, Hörner und Nackenschilde fand, nimmt man an, dass die Männchen gegeneinander kämpften. Sie verkeilten ihre Hörner ineinander und stießen sich gegenseitig mit den Nackenschilden.

Kr Oberkreide

Körperlänge: 6 m
Ordnung: Ornithischia
Familie: Ceratopsidae
Verbreitung: Nordamerika (Alberta)

Kr Oberkreide

Körperlänge: 9 m
Ordnung: Ornithischia
Familie: Ceratopsidae
Verbreitung: Nordamerika (z. B. Alberta, Colorado, Montana)

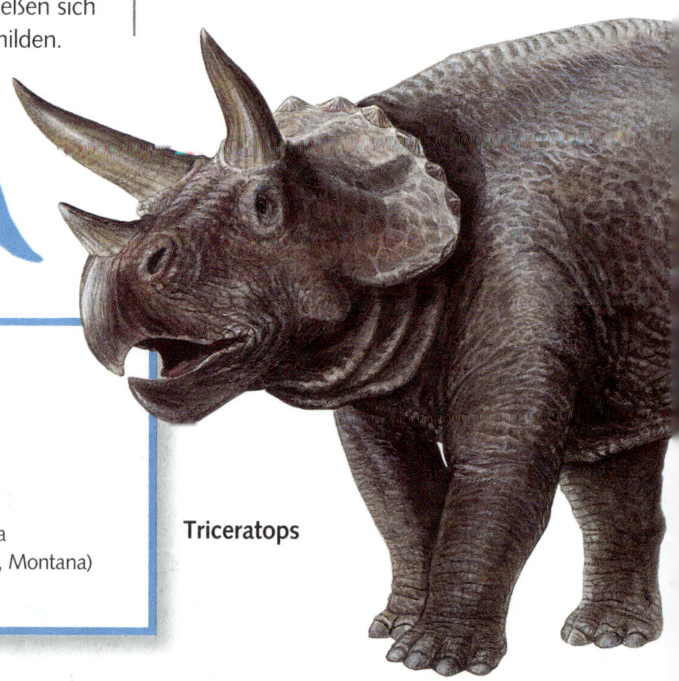

Triceratops

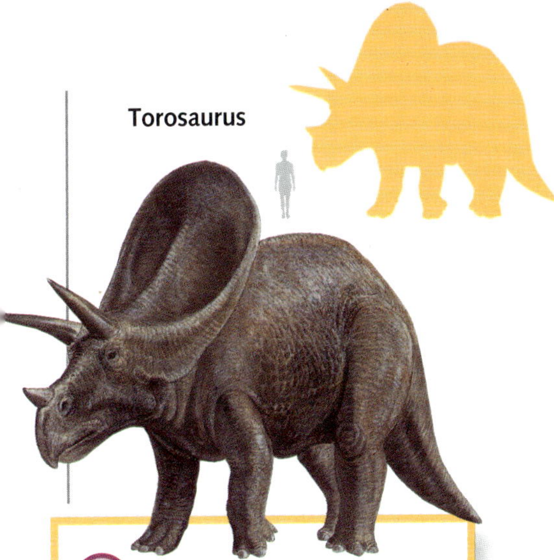

Torosaurus

Torosaurus

Der Schädel des Torosaurus gehört zu den größten Schädeln, die uns bei Landtieren bekannt sind. Zusammen mit dem enormen Nackenschild, der am Hinterkopf ansetzte, war er über 2,50 Meter lang. Mit diesem Schild und den drei spitzen Hörnern auf der Schnauze konnte sich der Torosaurus gegen jedes Raubtier wehren.

Kr Oberkreide

Körperlänge: 7,60 m
Ordnung: Ornithischia
Familie: Ceratopsidae
Verbreitung: Nordamerika (Montana, South Dakota, Texas, Utah, Wyoming)

Pachyrhinosaurus

Der Pachyrhinosaurus hatte direkt über seinen Augen einen dicken Knochenwulst. Vielleicht schützte er damit seinen Kopf, ähnlich wie die Dickschädelsaurier (siehe Seite 68–69). Möglicherweise ist dies aber auch die Stelle, an der Hörner saßen und später abbrachen oder abgeworfen wurden.

Pachyrhinosaurus

Kr Oberkreide

Körperlänge: 5,50 m
Ordnung: Ornithischia
Familie: Ceratopsidae
Verbreitung: Nordamerika (Alberta)

Styracosaurus

Styracosaurus

Der beeindruckende Nackenschild dieses gehörnten Dinosauriers war am Rand mit spitzen Stacheln besetzt. Damit und mit dem mächtigen Horn auf der Nase konnte sich der Styracosaurus gegen Angreifer wehren. Wie ein heutiges Nashorn senkte er den Kopf und lief auf seine Feinde zu.

Kr Oberkreide

Körperlänge: 5,20 m
Ordnung: Ornithischia
Familie: Ceratopsidae
Verbreitung: Nordamerika (Alberta, Montana)

Centrosaurus

Wie bei den anderen gehörnten Dinosauriern wurde auch bei Centrosaurus der massige Körper von dicken Beinen mit schweren Knochen getragen. Seine kurzen, breiten Zehen waren gespreizt. So konnte er sein Gewicht besser verteilen. Durch ein bewegliches Gelenk im Hals war der Centrosaurus in der Lage seinen großen Kopf mit dem Nackenschild mühelos zu bewegen.

Centrosaurus

Kr Oberkreide

Körperlänge: 6 m
Ordnung: Ornithischia
Familie: Ceratopsidae
Verbreitung: Nordamerika (Alberta, Montana)

Warum starben die Dinosaurier aus?

Niemand weiß genau, warum vor 65 Millionen Jahren neben vielen anderen Tieren auch die Dinosaurier ausstarben. Manche Forscher nehmen an, dass die Zahl der Dinosaurier bereits ein paar Millionen Jahre vor ihrem endgültigen Aussterben abnahm. Der Grund dafür war vielleicht ein kühleres Klima, das durch zahllose Vulkanausbrüche verursacht wurde. Andere halten den Einschlag eines riesigen Meteoriten für die Ursache.

Ein Meteoriteneinschlag?

Gegen Ende der Kreide schlug wahrscheinlich ein Meteorit von 9,5 Kilometer Durchmesser auf der Erde ein. Dieser Einschlag könnte für das Aussterben verantwortlich gewesen sein. Beim Aufprall wurden Schutt und Staub in die Atmosphäre geschleudert, die den Himmel viele Jahre verdunkelten. Es wurde kälter, die Pflanzen starben und dadurch fanden die Pflanzen fressenden Dinosaurier keine Nahrung mehr. Genau wie sie verhungerten auch die Fleischfresser, die keine Beutetiere mehr fanden. Ein Krater nahe der mexikanischen Nordküste könnte der Ort des Einschlags gewesen sein. Außerdem konnte man überall auf der Erde in der entsprechenden Erdschicht ein gehäuftes Vorkommen von Iridium nachweisen. Dieses chemische Element könnte von Meteoritengestein stammen.

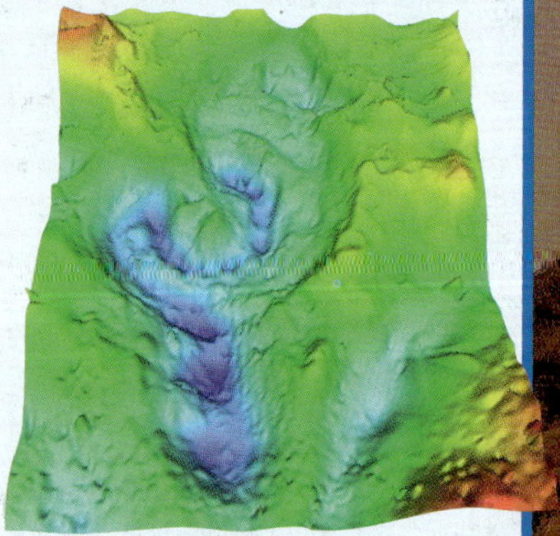

Das von einem Computer erzeugte Bild zeigt den Meteoritenkrater, der heute im Meer unter einer Schlammschicht begraben liegt. Die blaue Fläche unten auf dem Bild zeigt den Kanal, den der Meteorit in die Erde gebohrt hat.

Welche Tiere starben aus?

Neben den Dinosauriern starben auch andere Tiergruppen, wie die Ammoniten, Pterosaurier und Meeresreptilien aus. Zu den Tieren, die dieses Massenaussterben überlebten, gehören andere Reptilien, wie die Krokodile, Echsen und Schlangen, aber auch Säugetiere, Amphibien und Insekten.

Als gegen Ende der Kreide auf dem Hochland von Dekkan (Indien) Vulkane ausbrachen, strömten riesige Mengen von Lava aus. Sie erkaltete und ist heute noch als treppenförmig angeordneter Deckenbasalt zu erkennen. Solche Spuren beweisen, dass auf der Erde zu dieser Zeit ungewöhnlich viele Vulkane aktiv waren. Vielleicht war dies ein Grund für das Aussterben der Dinosaurier.

Vulkanausbrüche

Schon bei einem kleinen Vulkanausbruch kann sich das Klima der Umgebung verändern. In der Oberkreide gab es außerordentlich viele Vulkanausbrüche. Bei jedem dieser Ausbrüche wurden Massen von Asche und Staub in die Atmosphäre geschleudert. Das Klima wurde kühler. Pflanzen und Tiere starben.

So könnte es im heutigen Montana im Westen von Nordamerika gewesen sein: Man sieht, welche Auswirkungen starke Vulkanausbrüche hatten. Staub und Asche haben den Himmel verdunkelt. Die Pflanzen sterben und mit ihnen die Pflanzenfresser. Nur die Fleischfresser können noch eine Zeit lang als Aasfresser überleben.

Worterklärungen

Amphibien: vierbeinige Wirbeltiere, auch Lurche genannt, die auf dem Land oder im Wasser leben können. Alle Amphibien legen ihre Eier im Wasser ab. Zu den heute noch vorkommenden Amphibien gehören Frösche, Kröten und Salamander.

Archosaurier: Zu dieser Reptiliengruppe gehören die Dinosaurier und Pterosaurier. Die Krokodile sind die einzigen heute noch vertretenen Archosaurier.

Aves: So nennen Forscher die Ordnung der Vögel.

Bärlappe: eine Pflanzengruppe, die es lange vor den Blütenpflanzen gab und die in der Trias und dem Jura besonders häufig war. Sie kamen bereits im Karbon vor, sind heute aber bis auf wenige Ausnahmen ausgestorben.

Evolution: Pflanzen und Tiere verändern sich über Millionen von Jahren hinweg. Dabei verändern sich ihre Eigenschaften und ihr Aussehen. So passen sie sich einer veränderten Umwelt an. Diese Entwicklung wird als Evolution bezeichnet.

Familie: eine Gruppe miteinander verwandter Arten. So gehören beispielsweise alle Arten der Entenschnabeldinosaurier, wie die Maiasaura, zur Familie der Hadrosauridae. Der wissenschaftliche Name einer Familie endet auf „-idae".

Fossilien: die versteinerten Überreste von Pflanzen und Tieren. Knochen und Zähne von Tieren bleiben besonders gut erhalten. Auch Abdrücke im Schlamm, wie zum Beispiel Fußspuren, können versteinern und zu Fossilien werden.

Gondwana: eine Landmasse, die entstand, als der Superkontinent Pangäa vor 180 Millionen Jahren in zwei Teile brach. Gondwana war der Südkontinent mit dem heutigen Südamerika, Afrika, Indien, Australien und der Antarktis.

Jura: eine Periode der Erdgeschichte vor 208 bis 146 Millionen Jahren

Karbon: eine Periode der Erdgeschichte vor 360 bis 290 Millionen Jahren

Kreide: eine Periode der Erdgeschichte vor 146 bis 65 Millionen Jahren

Laurasia: eine Landmasse, die entstand, als der Superkontinent Pangäa vor 180 Millionen Jahren in zwei Teile brach. Laurasia war der Nordkontinent mit dem heutigen Nordamerika, Europa und Asien.

Meteorit: ein Gesteinsbrocken aus dem Weltall, der auf der Erdoberfläche einschlägt

Ordnung: eine Gruppe miteinander verwandter Familien. Die Dinosaurier werden beispielsweise in zwei Ordnungen untergliedert: Die Ornithischia und Saurischia. Manchmal werden große Ordnungen weiter in Unterordnungen untergliedert.

Ornithischia: eine der beiden Ordnungen der Dinosaurier, die sich durch den Aufbau ihrer Becken unterschieden. Die Ornithischia oder Vogelbeckensaurier waren Pflanzenfresser.

Paläontologen: die Forscher, die sich mit Fossilien und dem Leben in früheren Zeiten beschäftigen

Palmfarne: eine Pflanzengruppe, die zapfenähnliche Fortpflanzungsorgane bildete und lange vor den Blütenpflanzen erschien. Palmfarne hatten kurze, dicke Stämme und lange, palmenartige Blätter.

Pangäa: eine Landmasse, die vor 240 Millionen Jahren entstand. Dieser Superkontinent bestand aus allen heutigen Kontinenten. Pangäa zerbrach in zwei Teile: Gondwana und Laurasia.

Perm: eine Periode der Erdgeschichte vor 290 bis 250 Millionen Jahren

Reptilien: vierbeinige lungenatmende Wirbeltiere, die Eier mit festen Schalen legen. Alle Dinosaurier, Pterosaurier und Ichthyosaurier waren Reptilien. Zu den heute noch vorkommenden Kriechtieren gehören Schildkröten, Schlangen, Echsen und Krokodile.

Säugetiere: vierbeinige Wirbeltiere mit behaarten Körpern. Sie bringen ihre Babys lebend zu Welt und säugen sie mit Milch. Katzen, Pferde und auch die Menschen gehören zu den Säugetieren.

Saurischia: eine der beiden Ordnungen der Dinosaurier, die sich durch den Aufbau ihrer Becken unterschieden. Es gab Pflanzen und Fleisch fressende Saurischia oder Echsenbeckensaurier.

Theropode: eine Fleisch fressende Dinosauriergruppe

Trias: eine Periode der Erdgeschichte vor 250 bis 208 Millionen Jahren

Wirbeltiere: Tiere mit einer Wirbelsäule. Zu den Wirbeltieren gehören die Säugetiere, Vögel, Reptilien, Amphibien und Fische.

Milleretta

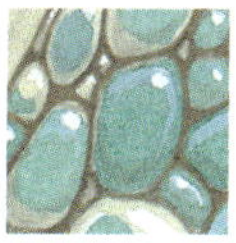
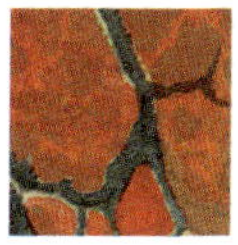
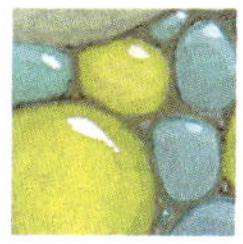

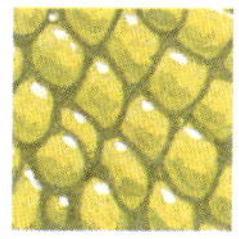

Register

Abkürzungen

cm = Zentimeter
m = Meter
z. B. = zum Beispiel

Zwei Iguanodontiden

Bildnachweis

Abkürzungen:
o = oben, u = unten, M = Mitte, r = rechts, l = links

Fotografien:
Jonathan Blair/Corbis: 67; Jules Cowan/Bruce Coleman: 60–61; E.R. Degginger/Oxford Scientific Films: 3; Mary Evans Picture Library: 42; François Gohier/Ardea: 40, 60o; E. Hanumantha Rao/NHPA: 91; Ken Lucas/Planet Earth Pictures: 8–9; Peter Menzel/Science Photo Library: 12; Pat Morris/Ardea: 38–39; The Natural History Museum, London: 36, 57, 61, 66o, 75; Paul A. Souders/Corbis: 66u; Dr. R. Wild/Museo Civico di Scienze Naturali „E. Caffi" Bergamo, Italien: 60u; Dr. R. Wild/Staatliches Museum für Naturkunde Stuttgart: 28.

Illustrationen:
David Bergen/Virgil Pomfret Agency: 90–91, 90Ml; Robin Bouttell/Wildlife Art Agency: 74o; James Field/Simon Girling Associates: 18–19, 48–49, 82–83; Eugene Fleury: 6, 19o, 49o, 83o; Elizabeth Gray: 29o, 36u, 41oM; Steve Kirk: 3–5, 7, 9, 10u, 11, 14–17, 20–29, 30–37, 39, 44–47, 50–55, 57ur, 58–59, 62–73, 75u, 76–81, 84–89, 92–95; Martin Sanders: 12–13, 42–43; Peter David Scott/Wildlife Art Agency: 5u, 10o, 40, 41u, 56–57, 74u, 75o, 90or; Guy Smith/Mainline Design: 61o; Roger Stewart: 6–7oM.

Illustration der Schmuckleisten: Michael Woods